U0644989

扫除力

看你的房间即可知道未来

[日] 舛田光洋　著

莫锐晶　译

人民东方出版传媒
People's Oriental Publishing & Media
东方出版社
The Oriental Press

BEFORE

AFTER

BEFORE

AFTER

你的房间就是你自己。

看你的房间，就能知道你的未来。

你的房间是什么样子？

什么样的未来在等待着你？

+. 预知你的未来的"房间级别检测表"

下面是通过房间的状态，预测房间主人的未来的"房间级别检测表"。

用下表来试着诊断一下你的房间吧。请在下面的提问 Q1~Q5 中，各选择一个答案，在□中打钩。

Q1 你从外面回到自己房间时的心情会变成怎样?

□平静的氛围（感到无拘无束，即使有些脏乱也觉得没关系）。[C]

□本来还想做些事情的，可是一回到家就没有精力了。[D]

□整体上的印象是整洁的，一进入房间就感到视

野明亮，精力充沛。[B]

□恶心、晕眩、麻木、头痛……长时间待在房间里会对身体产生某些影响。[E]

□自然地涌起感谢和感动，精神富足。[A]

Q2 你房间里的污垢是什么状态?

□满屋都是灰尘和污垢。多年附着的污垢无法简单地去除。[E]

□定期打扫房间，但是仔细看的话，缝隙里还是藏着灰尘和污垢。[C]

□所见之处尽是灰尘和污垢，好几个月都没有打扫过。[D]

□连看不到的地方都擦拭一新（空气都是新鲜的）。[A]

□凡是能看到的各个角落，都凭借各种扫除的技术，打扫得干净整洁。[B]

Q3 你房间里的物品是怎样放置的?

□想要修理或扔掉的物品,不仅堆放在房间的地板上,连储物间和阳台上都堆满了。[D]

□本想扔掉或修理的物品,却搁置了1年多,而且这样的物品超过了3件。[C]

□房间里到处都是坏掉的物品和垃圾。[E]

□没有放置任何自己不需要的物品。[B]

□不仅没有放置自己不需要的物品,也没有放置任何来访者不需要使用的物品。[A]

Q4 你房间里的家具、家纺用品的统一感如何?

□考虑到客人的感受,家具、家纺用品的概念是统一的。[A]

□完全没有概念和色彩的统一感。[D]

□概念和色彩没有突出的统一感,但是整体上与房间是谐调的。[C]

□已经看不出房间和家具的本来面目，房间全部是毁坏和杂乱的东西。[E]

□按照自己的喜好统一概念和色彩。[B]

Q5 碗橱、衣柜、书架……你的物品收纳工作做得怎样?

□物品收纳整齐，房间里还有空闲的地方。[B]

□物品收纳不下，有一部分堆放到了别的地方。[C]

□收纳不完的物品，散乱在地板上，连下脚的地方都没有了。[D]

□房间里收纳不完，连阳台、院子里都堆满物品和垃圾。[E]

□了解所有物品收纳的地方，对所有的物品都倾注了爱。[A] 你选择的答案中 A~E 各有多少个?

A= ( ) 个   B= ( ) 个   C= ( ) 个

D= ( ) 个   E= ( ) 个

A 选择A最多的人

你的房间测量是"天使空间"

你的未来将为很多人创造幸福的奇迹。
◎具体解释见第49页

B 选择B最多的人

你的房间测量是"成功空间"

你的未来将加速实现你的愿望。
◎具体解释见第45页

C 选择C最多的人

你的房间级别是 "安心空间"

你的未来将不好不坏，一成不变。
◎具体解释见第29页

D 选择D最多的人

你的房间级别是"濒临堕落空间"

你的未来将出现重大的负面的变化。
◎具体解释见第34页

E 选择E最多的人

你的房间类型是 "极度危险空间"

你的未来将出现重大的负面的变化。

◎具体解释见 第40页

✦ 命中率90%的未来鉴定法

本书是为你预知未来而著。

人如果能够预知未来，将会怎样？

如果预知将有美好的事情发生，会充满自信、一如既往地继续前进。反之，万一预知了糟糕的结果，也是可以预防的呀。

其实，**有一种全新的方法，可以让任何人预知自己的未来**。

只要掌握了这种方法，不论年龄、性别、国籍，任何人都能预知将要发生在自己身上的事。

而且，这种方法不仅限于个人，在企业、学校甚至市、镇、村都可以使用。

这种方法虽然非常简单，但是**预测未来的命中率却在 90% 以上**。

你能猜到这是什么方法吗？

这个方法就是——"看房间"。

房间？

对，就是房间。你的房间里隐藏着你的未来。

我做了21年的房间清洁工作，通过这些工作，我看到了各种人的房间。因此明白了一件事：

没有一间完全相同的房间。有多少种人，就有多少种房间。

每一个房间，都呈现出房间主人的特点。

由此我发现了"人的精神在房间中展现"和"展现人的精神的空间，可以引发出与此精神相匹配的能量"的法则。

从那时起，我通过这个法则，开始提倡通过做扫除使运势好转的"扫除力"。

"扫除力"系列丛书，至今已累计发行300万册。

借此，"扫除力"被引进到许多企业和学校，最近在中国也被列入了畅销书行列，影响力与日俱增。

　　而且，我从来自世界各地的很多人那里得到的消息是，他们在实践了这个方法后，人生运势真的得到了好转。

　　本书以"扫除力"的观点为基础，初次公开了更加先进的"房间未来鉴定法"。

　　看到这里，是不是已经引起了你的兴趣？

　　本书介绍的绝对不是单纯的占卜方法。

　　读完这本书，你会明白，创造未来的力量就在你自己身上。

　　而且，你会真切地体会到——你的未来可以由你自己去改变。

目录 PART **1** 为什么看房间就能知道未来？

PART 2

解读未来的『5 个空间』

PART 3

事业、财富、人际关系……
你能成功吗？

PART 4

健康·夫妻·孩子……你的人生基础将会怎样？

PART 5

能改变你未来的『扫除力』

PART 1

为什么看房间就能知道未来？

PART

1

+．不是占卜也不是超能力！而是全新的未来鉴定法

我能预知自己的未来将会发生什么事情。

而且我不光能预测自己的未来，还能预测别人的未来。

甚至连公司、学校以及市、镇、村等团体或组织的未来也能预测。

并且，我预测未来的准确率非常高。很多人都对此感到惊讶不已。

实际上，只要掌握了其中的秘诀，任何人都能轻松地预知未来。当然，你也一样。

这个方法就是"看房间"。

看房间就能知道房间主人的未来。

如果是一座独栋房子的话，只需看房子的外观，就能知

道这个房子里住着什么类型的人，今后，等待这个人的将是怎样的未来。

再进一步检测几个房间的话，就可以预知事业、财富、健康等各个方面的未来运势。

前几天，有一位女经理委托我进行预测。

她希望自己的公司得到进一步的发展。在去公司之前，她希望我先看一看她的住处，于是我先拜访了她家。

"您公司的销售额近期将会提高2~10倍。"

我做出了这样的预测。之后，过了10天左右，这位经理打来了电话。她公司的销售额果然提高了十多倍。在她本人也意想不到的情况下，竟然签到了一笔大合同。还有一位熟人向我发出了SOS："能帮我看一下一个朋友的家吗？他遇到了一些问题。"

看过这个人的房间后，我坦率地对这家的女主人说："这样下去的话，您和您爱人会发展到离婚的。而且，特别是您的孩子可能受伤、生病，您一定要充分重视。"

当然我也谈到了解决问题的方法，可惜他们付诸实施时为时已晚，4天后，我接到了那位女主人的电话。

她在电话中哭诉道："我先生参与了暴力事件，被关进了拘留所。现在只有离婚了。公司也没法干下去了。"

我在询问了详细情况后得知，她家的孩子也在车祸中受了轻伤。

还有时候，是单身女职员想预测能不能交到男朋友，请我看一看她的房间。可惜我的预测是，按照房间现在这个样子的话，是很难交到男友的。

但是另一方面，却可以预测她在事业上会取得成果，有晋升的可能。

结果不出所料，她确实在事业上不断取得成功，但是她的白马王子至今为止还没有出现。

面对如此之高的预测准确率，我身边的工作人员和客户中经常会有人赞叹："要怎样做，才能拥有像舛田先生那样的超能力呢？"

我当然没有什么超能力。也不懂占卜的知识。

如果问我为什么能预测这些事情，关键还在于我一直以来所提倡的"扫除力"。

✦ 21年来看过无数房间后悟出的法则

扫除力，**即在扫除的实践过程中导入精神法则，从而达到时来运转的一种实践方法**。

21年来，我看到过无数房间，凭借这些经验，我发现了扫除与精神的关系。

我至今为止经历的好几份工作，全部都是到别人家中的工作。

我以前在一家培训机构做家庭教师时，因为工作出色，和妈妈们沟通顺畅，所以被分派到各个家庭去和孩子们谈话，得到了定期走访每个家庭的机会。

而我做过的时间最长、给我提供发现"扫除力"契机的，则是清洁的工作。特别是整栋房子的清洁工作，这份工作使我得以走进各种各样的房间。

工作多的时候，每天要清扫3栋房子。我走进过老年人的房间、新婚夫妇的房间、学生宿舍、公司的职工宿舍、有钱人的房间、居住人乘夜晚逃跑之后的房间以及外国人的房间。

还见过很多公司的办公室和店铺。

"清洁员，请打扫一下这里。"我还被允许进入大企业的经理室和禁止外部人员入内的开发新产品的房间去进行清扫工作。

就这样，在看到数量众多的房间的过程中，我发现了两条法则。

● 法则1　人的精神在房间中展现

21年来，我见过许多人的房间，发现了一个规律。那就是，**没有一个房间是相同的**。有多少种人，就有多少种房间。

形形色色的人。形形色色的房间。

如果进一步仔细观察，你会发现房间和主人可以画等号。就是说，房间会展现出房间主人的特点。

由此我发现了第一条法则，"房间体现着主人的精神"。

如果心里被不满、怀疑、愤怒、嫉妒、贫乏和无法抑制的欲望等负面情绪所占据的话，那么这个人的房间里将物品堆积、东西杂乱、灰尘沉积、污浊不堪。做清洁工作，有时会收拾打扫那种发生过犯罪事件或其他事件的房间，里面当然是脏乱到了令人震惊的地步。

下面讲一讲我实际经历过的事例。

我做过整栋房子的清洁工作，就是被委托定期到某个家庭中去做扫除。

这种委托人往往都是经济上富裕的人。住着豪宅，至少有两三辆汽车。

乍一看，都是成功人士，实际上却情况不一。

有的房间脏乱到了令人难以理解的地步。

墙上粘了厚厚的番茄酱，不知道的还以为番茄酱是从墙里流出来的呢。地板上洒上了酱油和大酱汤汁，没人清理。脱下的西服随手乱扔，拿出来的物品也没有放回原处。杂乱至极。

因为我每周去这家打扫1次，也逐渐熟悉了这家人的特点。

这种房间里居住的人，几乎可以肯定地说，家庭不和。虽然有钱，但是丈夫不回家。妻子也总是情绪急躁。孩子也被不停地大声呵斥。

偶尔一家人在一起，也是一番激烈对骂的情景。这家人混乱得一塌糊涂的情形，在这样的房间里一览无余。

这样的家庭，很快会停止让人打扫。原因是离婚、突然破产……理由虽然各不相同，但结果大多是失去了原有的地位和财产。

同样是富人，有的家庭却完全相反。

有的房间如同酒店一般，走进去的一瞬间，让我精神为之一振。主人会感谢并欢迎我们的到来，有的还会和我们一起做起扫除来。

有的主人还会向我们这样的专业清洁人员学习扫除的方法，目的是为了保持房间的整洁。

孩子也礼貌有加、天真纯朴。偶尔打交道的男主人也是善解人意的翩翩绅士。你不知不觉地会希望像房间主人一样成功。

从这些经验中，我明白了，房间中体现着主人的精神，**而人的幸运与不幸也展现在房间中。**

● 法则2　空间里的"吸引力法则"

从房间与精神的关系中，我又发现了一个法则。

那就是：房间的空间里有一种力量，能够引发与之相匹配的能量。

房间展现出居住者的精神，同时，展现这种精神的房间，其空间里**具有给予居住者某种影响的能量。**

这种空间所给予的能量，我称之为"空间的磁场"。

例如，情绪消极、急躁、焦虑、嫉妒、牢骚满腹的人居住的房间，会变得杂乱、肮脏、覆满灰尘。这是负面心态呈现在房间里的状态。

这样的空间会制造出负面的空间磁场（负面空间），从而引发出负面能量，使负面效应增大。其结果是，接二连三地引起不幸的事情发生。

反之，情绪积极、心怀感谢、慈爱、满足的人居住的房间，会制造出干净、舒畅的正面磁场，引来好事连连，幸福悠然而至。

这叫作"物以类聚法则"，或者叫"吸引力法则"。就是说，同类的能量会相互吸引。

"吸引力法则"在空间中也存在。展现人的精神的房间，**本身也会渐渐地给人带来影响。**

这种由空间所带来的影响，你也曾经体验过吧？

例如，公司职员A每天情绪急躁，对工作牢骚满腹，对整个人生都心怀不满。这种消极情绪表现在房间里就是杂乱、肮脏等负面能量堆积。

早上总是睡不醒，常常手忙脚乱地起床，卡着时间去上班。"好累呀，一点干劲都没有啊。"边这样想着，边出了家门。

可是有时，到了公司，和同事说说话，又变得精神饱满了。在这种干劲十足的状态下开展业务，能顺利地签下合同，取得出乎意料的业绩。

于是感到动力十足，"今天回到家，学学英语吧""收拾一下房间吧"，设想了各种想要做的事。

"好！今天回家以后，要努力学习喽！"一边这样想着，一边打开了家门。玄关里堆满了东倒西歪的鞋子和想扔还没有扔的垃圾。再往里走，等待着你的是乱得一塌糊涂的房间。

原本下定了努力的决心，可刚一进家门，倦意就不可思议地袭来，心里想着"今天够努力了，明天再说吧"，便打开了电视。最后，还是重复了昨天的生活……

你是不是也有过类似的体验？

在家的时候，情绪消极，而走出家门和外面的人见面以后，情绪就转向积极。可是，尽管好不容易情绪好转，回到家中，一走进房间，积极情绪消失得无影无踪……不可思议吧？

这正是空间的能量在起作用。负面空间给人带来影响，它消除了好不容易转向正面的情绪，把人的情绪又转回负面，不久还将引发出负面的事件。

一位德国心理学家称，有数据表明，公司里只要有一个办公桌杂乱的人，就会带来几千万欧元的损失。**只要有一个杂乱的办公桌制造出负面磁场空间，这个空间就会给其他职员带来影响，进而影响到公司的销售业绩。**

当然，反之亦然。想让别人幸福，让家人幸福，让客户富有，抱着这样的积极心态的人，他所制造的是正面磁场的正面空间，使人的情绪积极向上，当然能够引来好事。

● 每个人的房间都有不同的含意

"人的精神在房间中展现""展现人精神的空间有种力量，能够引发与之相匹配的能量"，从这两个法则中，我悟出了一个道理。

那就是，**通过扫除，把房间整理干净，可以影响居住者的内心，从而使人生运势得到好转。**

这就是我一直以来所提倡的"扫除力"成功法则。

在"扫除力"中，我建议通过**"换气""丢弃""去污""整理整顿"**的方法，制造出使人生运势好转的正面空

间。这些，任何人都能够立刻掌握。

用这两个法则进一步检测房间，可以发现，每个**房间都有各自的含意**。之所以有各自的含意，是因为房间是反映人的行动的场所，而人的行动取决于人的思想和目的。

例如，人们为了筹备食品钓来了鱼。渐渐地固定在一个地方烹调钓来的鱼。每天生火做饭的地方就成了"厨房"。

吃饭是在另外的地方，那里就成了"餐厅"。休息放松的地方则是"起居室"，睡觉的地方就成了"卧室"。

就这样，先有了人的思想，之后逐渐出现了各种场所。因此，场所直接反映出人的思想。而风水学却与此看法相反，认为某个场所中已经存在着能量，人将逐渐地适应这种能量。

这里想阐明的是，**人先有思想，后付诸行动，随之出现了房间，在房间里反映出人特定的思想。**

例如，做饭用的厨房，因为是为自己和家人加工、烹调食材的场所，反映出主人对爱情和健康的用心，具有特定含意。所以，厨房如果变得脏乱的话，会影响恋爱运。

为了解除疲劳，睡觉休息的场所是卧室，因此卧室具有身心健康的含意。所以，卧室如果变脏乱的话，会影响健康。

　　房间正是如此各具含意。

　　由此，**看房间就可以知道住在里面的人有什么烦恼和问题**。即使还没有发生问题，受到空间磁场的吸引，以及此空间同类的能量不断聚集，今后必定会出现影响。因此，房间当然**能够预测未来**了。

✦ 自己能够解读未来，人生将会不断好转

　　首先，观察你的房间（或者整个住宅），你就能知晓，在你整个人生中，你现在正处于什么状态，今后将会有怎样的未来。

　　然后，应用这个方法，你还**可以通过判断各个房间（卫生间、玄关、厨房等）的组合，预测事业运、财运等具体的运势。**

　　这部分将在本书第3章和第4章详细讲解。

有的人会想："反正我的房间很脏乱，即使知道未来也只会让自己感到不安，所以我想立即开始实践扫除力。"

但是，我为什么一定要用这样一整本书来和你详谈预测未来的方法呢？

那是因为，**让你客观地知晓现状，才是使你时来运转的关键。**不能正视现状的人，就没有未来的发展。只有切实地认识自己所处的状况，你才能够采取具体的行动。

而且，如果你能知道这种状况持续下去自己将会有怎样的未来，将成为你把扫除力坚持下去的动力。

就是说，不会"又变回从前那间脏乱的房间了……"，**能够保持干净的状态。**

自从使用房间未来鉴定法以来，我惊奇地发现很多人都没有彻底地把握自己房间的现状。

委托我进行房间鉴定的小B告诉我说："我已经在使用扫除力了！"并且非常高兴地笑着说："我以后会好运连连了吧。"

因此，我很高兴地拜访了小B的家，可是……我脱口问

出："你打扫哪里了？"（笑）

不光是小B，这样的人真的很多。很多次，有人对我说："（做过扫除后）我家终于可以邀请别人来做客了……"可是当我走进房间的一瞬间，那感觉何止是想呕吐，简直连身体都麻木了，我根本就是走进了一个垃圾场。

我重新注意到，对于干净的认识，人和人真的有很大的差别啊。

这让我强烈地意识到，让大家切实把握自己房间所处的级别，确实是有必要的。因此，我制定了对任何人都适用的"5个房间级别"，以便能够让大家客观检测自己的房间。

客观上看，干净程度最高的正面空间级别是"天使空间"。

其次是"成功空间"。

居中的级别是"安心空间"。

再低一级的是负面空间级别"濒临堕落空间"。

最低的级别是"极度危险空间"。

这5个级别中，肯定有一个与你的房间级别相吻合。

各个空间级别会引起什么现象，会给居住者带来什么样的未来，我将在本书的第2章中做出详细解说。

这里我首先介绍一下"5个视点"，即对房间进行等级划分时的检测要点。

✛ 检测房间级别的5个视点

下面从5个视点来判定你的房间级别，解读你的未来。

用这5个视点看房间，能够准确地判断出房间级别。这5个视点是：

1. 氛围

2. 清洁度

3. 放置度

4. 统一感

5. 物品的量和收纳度

这5个视点又可分为5个级别：非常好（A级）、好（B

级）、普通（C级）、差（D级）、非常差（E级）。

接下来，检测这5个视点，算出总体的平均值。这样，就能看出你现在的房间属于5个级别中的哪一级了。

那么，接下来，我就这5个视点来做详细的解释。

鉴定空间的"5个视点"

	A	B	C	D	E
氛围	感动、涌起感谢之情、才思泉涌、情感丰富、内心充实	头脑清醒、视野明朗、干劲十足	安心感（不好也不坏）、没有任何感觉	没有干劲、身心疲倦	恶心、头晕、身体不适
清洁度	连看不到的地方都很干净、空气也清新	每个角落都干净、整洁	乍一看很干净，仔细看缝隙里有灰尘、有污垢，可用清洁剂去除	所见之处尽是灰尘和污垢、有的地方好几年都没打扫过	所有的地方都覆满灰尘和污垢、极度肮脏
放置度	为了他人，不放置多余物品	为了自己，不放置多余物品	有3件以上搁置了1年还没有扔掉或修理的物品	想扔掉或修理的物品堆到了阳台和仓库	空间里到处都是坏掉的物品、废品和垃圾
统一感	概念上的统一、意识到客人的感受、融入盛情款待客人的理念	根据自己喜爱的概念进行统一	没有概念上的统一感，但是房间整体上是谐调的	没有统一的概念，印象十分凌乱	毁坏、杂乱、整体感觉肮脏
物品的量和收纳度	没有不必要的物品、对所有物品都怀有无微不至的爱	轻轻松松地做到物品收纳	物品挤满了收纳空间	整个空间堆满了物品、地板上堆满了物品，没有下脚的地方	物品堆到了收纳空间以外的地方

• 检测视点1　氛围

第1步检测的要点是**你房间的"氛围"**。这也是我在观察一个房间时最重视的一点。

直觉很重要。

比如，我鉴定某个人的房间时，首先检测的是在刚刚看到这个房间的一瞬间，所感受到的它所酝酿出的氛围。

氛围好或者不好，从这样的判断开始入手。

氛围一般呀，不好也不坏呀，这样困惑的情况，就是普通级别的C级。这个级别有时也会让你感受到如同父母家一般的安心。

而在进入房间的一瞬间，感到"没了干劲""不知怎么就累了"。这是D级的能量。

不光没精神，"头痛""眼花""想吐"，身体感到不适，这样的空间是E级。

反之，进入房间的一瞬间，氛围如果是"精神饱满""感觉很好""充满干劲""身心舒畅"，就是B级。

此外，"在进入房间的一瞬间被感动了""待在这个空

间里情感变得丰富了""好主意不停地冒出来""涌起了感激之情"，这是A级。

刚开始可能会出现十分难以判断的情况。通常，在一个地方停留的时间越长，感觉就会越麻木。

在进入商店、酒店、办公室等地时，**有意识地练习初次看到或进入某个房间时的瞬间感受会有助于培养这种直觉。**

●检测视点2　清洁度

第2个是"清洁度"。**检查灰尘和污垢等。**

你曾有过这种情况吧，乍一看房间很干净，可是，传真和电话机是脏的，架子的上面和墙壁、地板的角落里蒙了一层灰。

像这种仔细看会发现污垢，但还算干净的房间，属于C级。

这个级别的房间，一般一周用吸尘器清扫几次，但是打扫得不够细致。居住者也不太具备扫除的技术和知识，只是适当做了打扫。

没有定期做扫除，所见之处尽是没人打扫的灰尘和污垢，居住者对这些污垢已经司空见惯。这种状态的房间属于D级。这是一个有些脏乱，但还稍许让人放心的级别。

比D级更进一步，所有的地方都肮脏，长年累积的污垢已无法去除，到了这个状态的房间就是E级了。厨房被油污弄得黏糊糊油腻腻的，窗框和墙壁上发了霉，已经到了极度肮脏的阶段。

反之，房间的各个角落都干净整洁，连角落里残留的污垢都用平头改锥去除得一干二净。这种房间属于B级。

住在这里的人，具备扫除的知识，知道对付哪种污垢要使用哪种清洁剂。这种空间会引人赞叹："这个家真的好干净啊。"

比此更进一步，连柜子的背面、桌子的反面、冰箱的背面等，这些看不到的地方、人眼所不及的地方都打扫得干干净净，甚至让人感到连空气都是新鲜干净的。这样的房间被划为A级。

这种空间的代表性场所是有着"魔法之国"之称的迪士

尼乐园。其中大受欢迎的娱乐设施"飞越太空山"，据说工作人员每天在夜间点起灯，将设施里的每个角落都打扫得非常干净。

其实，这个设施在白天运转的时候，里面是漆黑一片的。轨道飞车在里面跑动，游客是看不到里面干净与否的。即便认为不怎么打扫也没关系，可是工作人员还是会把里面彻底打扫干净。

● 检测视点3　放置度

第3点是"放置度"。是观察**被放置在这个空间中的物品。**

1年之前准备要扔掉或修理的东西，却还没有处理，空间里有3件以上同样的东西，属于C级。父母家里一般都是这种情况吧。某件物品1年前就放在那里，给你的感觉是："这个怎么还没扔呢？"

想要扔掉的东西和想要修理的东西不断积压，搁置了两三年以上，阳台、仓库……最后连家的四周也堆满了，变成了这种状态的空间就成了D级。

想着一定做一定做，可是不知不觉中，搁置的东西数量更多了，阳台、仓库等空间的外面都渐渐堆满了。不需要的轮胎、想要扔掉的孩子的自行车……都已经放了好几年，各种东西挤得满满的。

搁置的东西放了10年左右没有处理，房间中这些应该扔掉东西、肮脏的东西、垃圾等堆积如山，这种房间就是E级。这种状态被称为垃圾房间，甚至垃圾住宅。

与之相反，对居住的人来说不需要的物品，一律不放置，这种空间是B级。坏了立刻修理，决定扔掉的东西立刻扔掉。从不搁置东西，让任何人看自己的房间，都不会觉得难为情。

而把"为了自己不放置"的思考角度转变为"为了他人不放置"，由己及他，就成了A级。

因为让别人看到被搁置的东西是失敬的，所以不搁置物品。例如在商店里，如果灯泡坏了放着不修，客人走进店里，看到那个坏灯泡的一瞬间，心情会被破坏。就不再是好的接待客人的空间了。

虽然A级和B级一样都是不搁置物品，但两者的区分在于，是为了自己不搁置，还是为了给别人提供一个心情舒畅的空间而不搁置。正因为这个区别，级别发生了变化。

● 检测视点4　统一感

第4个视点是"统一感"。

观察一个**家的外观及其房间里的家具、窗帘、沙发、家纺用品等是否具有统一感**。

变化趋势是，**越是正面空间，越有统一感。相反，越是负面空间，统一感越低**。

色彩、概念等大的框架是统一的，但不是全部统一。家具和家纺用品多是"因为便宜，所以买了下来""因为急着用，又只有这个，所以就买了"。不过，总觉得还算和谐……这是C级。

怎么看都觉得没有统一感，给人的印象是凌乱的。"只要是能用的东西，什么都可以"，或者"只要是能得到的东西，什么都可以"，空间里集中了这种不拿白不拿的东西，这种空间是D级。当然，既没有概念也没有统一感，不用的东西越来越多。从另一种意义上说，就是废品越来越多。

而家具和家纺用品已经看不出其本来面目，全部都是坏的、脏的，看起来肮脏杂乱，这种空间是E级。负面的磁场空间一旦形成，彻底的杂乱、污垢和废品将会充满整个房间。

与此相反，为了使自己舒适地生活，明确统一了必要的房间风格，以此为基础，树立了十分清晰的概念。这种空间是B级。

北欧风格的统一，亚洲风格的统一，以古典家具和自由印花家纺为中心，具有疗养作用的英式田园风格的统一……都是颇具统一感的风格。

在概念的确定中融入了盛情款待的精神，创造出"使对方感到舒适的空间"的话，就成为A级。

例如，东京文华东方酒店，其概念就是通过在豪华的酒店里融入东方风情的优美，为客人提供"盛情款待"的服务。

服务业要追求对服务的统一概念，并呈现给顾客。

即使在个人的家里，只要确定了使家人舒适生活的概念，并创造出这样的空间，就能成为A级。

●检测视点5　物品的量和收纳度

我提出的第5个视点是**"物品的量和收纳度"**。

检查碗橱、书架、衣柜、桌子抽屉、壁橱……以及整个房间是如何收纳物品的。

越是正面空间，即使房间很宽敞，物品也会摆放得很少。反之，越是负面空间，东西堆放越多。

虽不杂乱，但是物品已经超出了收纳的范围。因为收纳不下，堆积在了衣柜和架子的上面，冰箱和书架的周围。餐桌上也放着酱油壶等调味料，还有筷子篓等东西。

与其说堆满了许多物品，不如说是收纳的地方占满了，物品都放不下了，这种状态是C级的特点。

放不下的东西覆盖了地板，甚至连下脚的地方都没有了，这是D级状态。

连放在架子上或堆放在角落里都嫌麻烦（或者是堆放的东西倒塌了），露出的地板面积不断变小。覆盖地板的东西，如果堆放到了房间的外面，就成了E级。渐渐会变成垃圾住宅。这虽然也与放置度有关系，但是也属于没有能力处理东西的一种状态吧。物品超出了空间收纳的范围，无处可放了。

与此相反，物品数量很少，并且被很轻松地收纳到该收纳的地方，房间宽敞，这种空间是B级。

因为概念明确，所以除了必要的物品，不放置其他物品。碗橱、书架、衣柜、桌子的抽屉、壁橱……无论检查哪个收纳场所，都有空闲的地方，可以彻底收纳物品。

而从他人的角度出发，为了让他人看到后也感觉心情舒畅，在物品的数量和收纳方法方面下了一番功夫，就成了A级。

居住在这个空间里的人，即使不在房间里，对于在哪里放置、收纳了什么物品，都能记得一清二楚。这也可以说是因为居住者对所有的物品都倾注了爱。

看了以上阐述感觉如何？

我在检测各种房间的时候，就是从以上5个视点来细致地观察每个房间，从而判断出这个房间的所属级别的。

为了让任何人都能轻松地判断自己的房间级别，我在本书开头部分介绍了便于让更多的人使用的简易版的"房间级别检测表"。

你的房间属于哪个空间级别？

在接下来的一章里，让我们聊一聊，在这各式各样的空间里，会引发什么样的状况，会带来什么样的未来。并且，我将列举自己实际经历过的事例。

PART 2

解读未来的"5个空间"

✛. 你的房间属于什么级别？

房间是有级别的。

你的未来取决于你现在的房间级别。

第1章里谈到了鉴定空间的"5个视点"，以此为基础，我制定了简易的"房间级别检测表"，登载在序言中。

不知你是不是已经很快地作出了回答，你的房间级别如何呢？

那么，在这一章里，我将就房间的各个级别进行详细的讲述。

请看下一页的图。正面空间2个，负面空间2个，位于中间的空间1个，一共划分了5个房间级别。

我为它们分别取了名字。正面空间之中最高级别的空间叫作"**天使空间**"，第2位的是"**成功空间**"，居中的是"**安心空间**"，在它下面的是负面空间"**濒临堕落空间**"，最下面的也是最差的空间叫作"**极度危险空间**"。

5个房间级别

	正面空间		居中空间	负面空间	
房间级别	天使空间	成功空间	安心空间	濒临堕落空间	极度危险空间
能量要素	和谐、发展、盛情款待	和谐、安心、发展	和谐、安心	不满、精力匮乏、愤怒、嫉妒	失望
此类房间的代表	五星级酒店、大圣伊势神宫、迪士尼乐园	成功的总经理、处长、艺人的家	一般常说的父母家	无人光顾的餐饮店、门庭冷落的旅店	垃圾住宅、凶宅
居住者类型	成功人士	有上进心、有目标、感受到生活意义的人	（基本上是）善良的人，容易随波逐流的人	个性强、私欲重的人	破坏者
运用扫除力提升房间级别的建议	"丢弃"+"去污"+"整理整顿"+"待客空间"	"丢弃"+"去污"+"整理整顿"+"待客空间"	"丢弃"+"去污"+"整理整顿"	"丢弃"+"去污"	借助亲朋好友和清洁人员的帮助实施"丢弃"

无论哪个国家的人，无论什么样的人，他的房间一定能够划入这5个空间中。即使不是完全相符，也可能会有"在濒临堕落空间和安心空间之间"的情况。如果是这种情况，请

参考两种空间级别的解释，做出判断。

下面，让我来一一讲解。

✦ 安心空间：像故乡一样，带来重生与和谐的房间

首先，先从居中空间开始进行说明。这是处于不正不负的中间位置的空间。如果你的房间符合这一空间级别的话，从某种意义上讲是合格的。相对而言，可能有很多人的房间都是属于这个级别的。

这个空间我称之为"安心空间"。支配这种空间的能量是"和谐"。

我心目中最具有代表性的"安心空间"是"父母家"。也就是像家乡的父母家里那样的空间。比如像动画片《海螺小姐》的家，《樱桃小丸子》的家，就应该可以称之为"安心空间"。

说到父母的家，当然每个人的父母家都会有所不同，但是一般来说对父母家的印象，都不外乎是下面说到的这些特征。

● "安心空间"的特征

◎不好也不坏，心情平和的气氛（觉得有不干净的地方也没关系，无拘无束的气氛）

◎习惯经常做扫除，但是仔细看，缝隙里有灰尘和污垢

◎有3件以上想要扔掉或修理的东西，放了1年多还没有去做

◎家具、家纺用品的概念和色彩没有太强的统一感，但是房间整体上是谐调的

◎收纳场所（碗橱、书架、衣柜等）里的东西放不下了，被放置或者堆到了别的地方

这个空间，也有人勤勤恳恳地打扫，但是因为东西太多，整体上给人一种乱糟糟的印象，不能说是特别整洁的空间。

而且，房间里的模样许多年也没有任何变化，无论什么时候回去，同一个东西还是放在老地方。柱子上还留着童年时的痕迹……正是这种"**没有变化**"在维持着这个"安心空

间"。这也是你回到父母家里能够感到安心的原因之一。

最近，我回父母家的时候，看到屋子的中心位置突兀地放着一台46寸的大电视，感到非常别扭。屋子里只有一件东西发生变化，这让人感到很不谐调。

既没有变化，又不十分整洁，但是这个空间却因为被房间主人勤勤恳恳地整理着，所以空间的磁场充满了"和谐的能量"。因此，一回到那里就感到心情平静、无拘无束。

而且，和谐的能量还有"疗伤功能"，因此**与重生的力量相关联**，具备使疲惫的心灵和受伤的精神得到重生的空间力量。

住在里面的人，基本上是善良的人，是体贴和温柔的人。所以，身陷负面空间的人如果住进这里的话，荒芜的心也会变得和谐，得到治愈，不知不觉中变成一个温和善良的人，希望改善自己的人生。

我也曾在20岁出头的时候经历过重大的失败，在我走投无路的时候，是父母对我说："回家来吧。"在父母家得到照顾的两个多月里，我心里的伤痛得到了治愈，获得了重生的力量，决心要再次努力拼搏。

● 你的未来人生将"不好也不坏，一成不变"

生活在这个空间里的人，可以预测你的未来将是一种**不好不坏的安稳状态**。即使出现一些小的问题或事件，基本上发生的也多是好的现象。

不过，虽然感到安心、稳定，但是无法期待大的变化、改进、发展和繁荣。

因而必须注意的是，此空间的特点是，容易被社会景气状况和周围状况所左右。例如，遇到长期的不景气，或者有时由于一件很小的事件，平衡就会被打破。

以我认识的一位35岁左右的公司职员I为例。由于这几年经济不景气的影响，I的公司也不例外地出现了业绩下滑现象。不仅削减了加班费，而且对工作的要求比以前更加严格了。

在此之前，I与周围的人相处融洽，工作也很顺利。但由于公司的这些变化，I渐渐变得不满，开始抱怨公司、同事和上司。

这些负面的心态也开始反映在他的房间里，房间渐渐杂乱起来。

"因为压力大，每天一家店接一家店地喝酒，和公司同事一起发牢骚，抱怨公司、抱怨别人……休息日提不起精神做任何事，就在堆满垃圾的房间里度过。"I这样描述。就这样，他陷入了后面将要讲到的"濒临堕落空间"。

某天，I下班后筋疲力竭地坐着末班电车回到家，走进房间后看到的是……窗户的玻璃被打破，家中遭到了盗窃。

像I这样，由于一个小的缘由，破坏了和谐，引发了诸如下岗、公司倒闭、生意萧条、病痛受伤、家庭关系不和等负面事件，是这个空间的特点，需要格外注意。

● 让你运气逐步好转的建议

下面是为生活在"安心空间"中的你提出的建议。

为了拥有不为景气状况和周围状况所左右的力量，也为了在你对现状感到不满时，仍能前进到下一级别的"成功空间"，请立刻开始实施本书第5章里将要讲到的扫除力中的**"丢弃"**和**"去污"**吧。即**明确你所需要的物品和数量之后，扔掉多余的物品**。然后，**把家里的物品打扫得光可鉴人**。

只要做到这两点，**好运一定会慢慢降临到你身上**。

再说说刚才提到的I，在遭遇盗窃之后，因为讨厌被人盗窃后一片狼藉的房间，从警察局回到家的那个深夜直到黎明，他彻底丢弃了所有的垃圾，并把房间的每个角落都擦拭一新。

那之后也一直保持着房间干净整洁，同时，集中精力埋头工作，在整个业界仍然低迷的情况下，他的业绩却大幅提高，现在已经通过猎头介绍，在一家新公司大展身手。保持一个干净的空间，渐渐地，正面的能量就会充满这个房间。为了向"成功空间"靠近，统一房间的概念，有目的地提升扫除的技术，就会解决你认为困难的问题，让你成为理想中的自己。

✦ 濒临堕落空间：走错一步，厄运就会显现

"安心空间"向下一个级别，名为"濒临堕落空间"。这个空间处于相当负面的位置。

如果你的房间符合这一级别，那就相当危险了。你的人生中是不是有许多不顺利的事情？虽然还不至于走到堕落的地步，但是这个空间**只要走错一步就会步入危险领域**，是一个已经接近底线的空间。

如果要举例说明的话，**那种几近倒闭、门庭冷落的餐厅就是典型的例子。**

墙壁沾满油渍，油渍上又沾了一层灰，长出了茶色的毛，油污把地板弄得又黏又滑。偶尔会碰到这样的餐厅吧？

这种餐厅的店主认为，反正也没有人光顾，不做扫除也"无所谓"，或者总在抱怨，发泄种种不满。

还有萧条的旅馆、只顾疯玩的学生的房间等，都可以称之为"濒临堕落空间"。具体来讲，有如下这些特征。

● "濒临堕落空间"的特征

◎ 想做某些事，但是一回到家里就没有精力了

◎ 目所能及之处都有灰尘和污垢，有的地方多年没有打扫了

◎ 堆满应该扔掉的东西、应该洗的碗和衣物（垃圾堆满了储物间、阳台和院子）

◎ 家具和家纺用品完全没有概念和色彩上的统一感

◎ 物品堆放在地板上，连下脚的地方都没有

这种空间，**没有定期做扫除，垃圾和物品堆满了空间。**走进房间的一瞬间，可以说，任何人都会感觉"很脏"。

这个空间的磁场里充满**"不平衡、不满足"**和**"缺乏朝气"**的能量。走进这个空间，就会陷入满腹牢骚和没精打采的状态。

不知不觉地变得挑剔，动不动就会吵架。"受不了了""那个人是怎么回事呀！"经常处于一种说坏话、发牢骚的状态。

而且，积极的心态和上进心不见了，也没了干劲。

刚刚还那么有精神，可是一走进这个空间就**"什么干劲都没有了"**，似乎一下就泄了气。

因为被这种"不平衡、不满足"和"缺乏朝气"的能量所支配，住在这里的人渐渐地会变得以自我为中心，私欲强烈。或者变成一个**抑制不了欲望、难以控制感情的人。**

因此，有时会表现为过度依赖电脑游戏和网络，并且食欲过度。

如果是男性的话，有很多人会沉迷于赌博和女性。

如果是女性的话，常常会表现为恋爱依赖、购物依赖或追求过度的美容（因为有衣物饰品的装饰，又往往只见一面，所以只凭在外面见面，很多人是不会发现她的房间竟然那么脏）。

而且有人会毫无生气地宅在家里。还有很多住在这种空间里的人患有轻度的抑郁症。我以前也曾经是这样的（具体情况我写入了《实现梦想的扫除力》一书）。

住在这种空间里的人总是不断遭遇人生的烦恼和问题，

因而总是不停地为自己感到担心。

● 未来将有"负面的重大变化等待着你"

生活在这种空间的人，如果长此以往，未来会在事业、财富、恋爱、家庭、健康等某个方面**发生负面的重大变化**。恐怕现在的状况就已经不妙了。

这是因为负面能量制造出的磁场空间在不断扩大。

如果是已婚人士，不是夫妻间一开口就吵架，就是根本无话可说了。

对孩子当然也有影响。因为家庭带来的压力会在学校反映出来，所以孩子可能会欺负同学、耍流氓、逃学等。

至于财运，因为经常冲动购物，甚至用信用卡买东西，不知不觉中想不到的开销增多，不管怎么工作，手头都不富裕。由于总是濒临这样的状态，所以每天都心情沮丧。

虽然现在的状态还只是处于堕落的边缘，但是变成下面将要介绍到的"极度危险空间"只是时间上的问题而已。

● 让你彻底扭转人生的建议

以下是给生活在"濒临堕落空间"的你提出的建议。

估计你现在已经处在常走背运、精疲力竭、焦虑紧张的状态中。

不过没关系。**你还有彻底扭转人生的机会。**

首先，为了让自己远离倒霉的事情，先从去除那些威胁到你人生的因素开始吧。下面来讲一位彻底摆脱"濒临堕落空间"的女性的实例。

正处在离婚诉讼中的将近30岁的Y美，有一个两岁的孩子，她每天周旋于育儿、工作和离婚间，精神备受折磨。据说离婚的原因是家庭暴力，所以Y美心灵受到很深的伤害。

"因为忙于育儿和工作，所以不知道这个地区的垃圾投放方法……"Y美这样解释道。我鉴定她的房间时，看到入住不满1年的公寓里垃圾堆积如山。房间里满是灰尘和污垢，甚至让人认为："搬家后一次扫除都没做过。"

根据这种状况，我诊断出她的离婚诉讼会耗费很长时间，而且对孩子也将产生影响。所以，为了让她至少先把房间级别提升到安心空间，我给出了下面的建议：

要想摆脱“濒临堕落空间”，首先要实施扫除力中的"丢弃"和"去污"。

因此，她首先从“去污”开始动手了。

在清理卫生间里污浊的水龙头和堵塞的排水口的过程中，没想到竟能够逐渐面对责备别人的那个自己以及责备自己的那颗心。

对原本认为自己无论如何也无法原谅的前夫，Y美也渐渐体谅到他也有自己的苦衷。在水龙头变得光可鉴人，排水口的污秽和堵塞物清除干净的同时，她对前夫的怨恨也释怀了。

在“丢弃”时，我特别**请她把象征着“曾经”和“迟早”这类与过去和未来相关的东西扔掉。**

此前，她已经把从前夫那里得到的东西几乎都扔掉了，唯一一件没有扔的是一个手镯。虽然不是什么贵重的东西，但是当初得到这个手镯时，曾是最被前夫疼爱的最幸福的时刻，这个美好的回忆一直留在她心里，所以不舍得丢弃。

她不仅毅然处理了这个手镯，**同时也扔掉了为了让对方看到美好的自己而穿过的衣服**以及用过的包、化妆品等。而且还扔掉了**憧憬未来并希望某天**自己又变得幸福时想要穿的衣服。

那之后，即使再忙，Y美也坚持按照那个地区的规定扔垃圾，而且每周休息日会定期做一次扫除。

现在，离婚裁决已经结束，Y美换了一个稳定的工作，正在上培训班，为取得资格证书而努力。

在本书第5章将会讲到，要先扔掉象征过去和未来的东西，然后按优先顺序化整为零地进行"去污"。

然后，按照一周1次的频率即可，养成定期做扫除的习惯，争取升级到"成功空间"。

✦ 极度危险空间：频频引发不幸的负面磁场空间的形成

5个空间当中最糟糕的空间是"极度危险空间"。这是极强的负面磁场空间。

构成这一空间的能量，用一个词来描述就是"失望"。过度的不平衡、不满足和垂头丧气，最终导致走向失望。

这是一个什么样的空间呢？是垃圾房间，或者是真的发生过犯罪事件，甚至影响到以后入住的人和店铺的"凶宅"。

● "极度危险空间"的特征

◎长时间待在这个空间，会对身体产生某些影响，出现诸如呕吐、眩晕、麻木、头痛等症状

◎灰尘和污垢无处不在。因为污垢附着多年，无法轻易去除

◎房间里堆满了损坏的东西、废品和垃圾

◎房间的原貌和家具被各种东西掩埋，看不出本来面目，物品破损、杂乱

◎连阳台和院子里都堆满了垃圾和物品，异味甚至飘到了屋外

这种房间被称为"垃圾住宅""垃圾房间",已经不再是人应该居住的环境。

电视上也曾作为社会热点问题讨论,有人在不是垃圾场的住宅用地里收集了堆积如山的垃圾和废品。

还有的人多年不扔生活垃圾,在垃圾堆里度日。房间何止没有下脚的地方,简直是筑起了垃圾山。

住在这种空间里的人的特征是,即使周围的人想帮助他做扫除,他也要把人家赶走。而且,**为了掩饰垃圾泛滥的个人生活,有的人会限制交友,在生活中伪装自己。**

这些都是因为不能信任别人。更深层次的原因,是因为对社会感到失望,对人生感到失望,垃圾房间正是其表象。

你可能已经明白,一直住在这样的空间里,会引发厄运,并使不幸之事一一显现。因为一个负面的磁场空间被成功地制造完成了。

你的人生被这个空间具有的负面能量捉弄着,你甚至无法用自己的意志来控制。住在这个空间里的人,你所有的不安与忧虑都被毫不留情地引发出来,并成为现实。

● **你的未来将"事故频发，全面崩溃"**

住在这一空间里的人的未来，不仅是不幸的，而且还**极有可能发生负面的"事件"**。人生会越来越堕落，朝着不利的方向发展。有很多人已经遇到了不幸的事件。

如果是已婚人士，不仅夫妇之间已经变得冷淡，而且关系已经崩溃。而这种不满会演变成家庭暴力、自残行为，甚至不可逆转地向着极端冷漠（虐待孩子）的方向发展。

而且发生离婚、生病、负债……甚至犯罪的可能性很大。

就在最近，电视里报道了一家把两名幼小的孩子抛弃在家中，任孩子饿死的事件。估计有的人在新闻里也看到了，这家的阳台异常脏乱，垃圾堆积如山。

发生这种事件的房间，即使由专业清洁人员收拾干净，强烈的负面能量也仍会停留在这个空间里。"那里的店铺又**易主了**""搬到那里肯定会破产的""有幽灵出没""夫妻一住进去就会离婚"。附近会散播出各种传言。有些这样的房间因此就成了"凶宅"。

●让你摆脱厄运的建议

以下是给身处"极度危险空间"的你的建议。

在发展到上述状况之前，你必须一刻也不耽误地借助他人之手，实施本书第5章里讲的扫除力的"丢弃"行动。

我觉得由你自己来做已经是不可能的了（**你自己对此已经无能为力了**）。即使你想"稍稍收拾一下"，也会被强烈的负面磁场所干扰，结果很可能还是无法动手。前段时间，我父母向我发出SOS，让我帮助一位长年宅在一个公寓里的30多岁的U先生。于是我走进了他的房间。

刚一进去，我就被散发着恶臭的似乎马上要**迎面倒下来**的垃圾熏得头晕恶心。

U先生也不知从哪里入手才好，更不知应该扔掉什么东西，是一副完全听任我们帮他处理的态度。

在请他本人签署"对扔掉的东西没有任何意见"之后，才由5个专业清洁人员用专用的垃圾箱把这些垃圾全部处理掉。

在打扫的过程中，U先生一直不知所措、坐立不安。当废品和垃圾被搬出家门时，他如释重负般瘫坐在地上，放声大哭起来。他一边流泪，一边许诺要开始新的人生，重新出去找工作。

此后，U先生用了两周时间，每天打扫，彻底清除了污垢。当我再次去看他的房间时，对他的变化无比惊讶。他仿佛完全变成另外一个人了，彬彬有礼、谈吐清晰、目光炯炯。

今后的U先生，将会走上脱胎换骨的人生之路，这一点从他的房间也可以看出来。现在，陷入这种"极度危险空间"的人越来越多。也出现了很多专门收拾这种垃圾住宅和垃圾房间的专业清洁人员。

所以，不要害怕借助他人之手，先把垃圾丢弃，**拼命地丢弃掉**吧。你一定能够逃脱不幸的锁链。请现在立刻寻求帮助。

✦ 成功空间：让居住者得到发展的成功人士居住的房间

由于刚刚一直在讲负面空间，敏感的人或许会感到不适。

接下来转换一下气氛，讲一讲正面空间。

比"安心空间"高一个级别的房间，是"成功空间"。这个空间，正是成功人士居住的空间。

这个空间**除了拥有安心空间的"和谐"能量之外，还添加了"发展繁荣"的能量以及居住者的"扫除技术和知识"**。

所谓"成功空间"，举例来讲就是受人仰慕的**部长的家、董事长的家或成功艺人的家**等，在你看见这种房间的一瞬间，心里会想"太理想了""真想住在这里啊"。

请想象一下你被邀请到年收入是你几倍的上司或董事长家里做客的情景。夫人也很漂亮，房屋和家具也十分精美。而且主人用亲手做的菜肴招待你，让你不由得想"怎样才能住上这样的房子呢""真想过这样的生活呀"。

下面列举一下这个空间的具体特征。

● "成功空间"的特征

◎整体印象很整洁。进入房间后视野明亮、精力充沛

◎所能看到的各个角落，都运用扫除的技术打扫得干干净净

◎不放置自己无须使用的物品

◎家具和家纺用品的概念和色彩等，按照自己的喜好统一起来

◎有富余的空间收纳物品

在进入这一空间的瞬间，你的视野会豁然开朗，你体内休眠的潜在力量将被唤醒。

这个空间保持着任何时候都可以**示人**的状态，接待突然的到访也完全没有问题。没有不必要的物品，更不会让物品多得放不进收纳箱。**所有的物品都在它应该在的地方。目所能及的各个角落都一尘不染。**

干净级别达到了"任何人看了都觉得干净"的标准。

住在这里的人有上进心，有明确的人生目标。而且，因

为知道自己应该做什么，所以**大多会集中精力努力工作**。

走进这样的成功人士的空间，即使自己没有那么成功，也会激发出上进心，"自己也要努力""要更努力地学习"，这样的能量自然而然地增长起来。

可以展示给别人，可以邀请别人到家里做客，这也是一种自信的表现。

另外，这个空间级别的人，对于洁净的要求非常高，而且由于受到发展的能量的影响，在日常生活中很注意研究保持房间整洁的扫除技术（哪种污垢应该用什么东西来去除、有效的收纳方法等）。

● 你的未来将"加速实现你的愿望"

身处这一空间的人，你的未来会**以比周围人预想的还要快的速度，一个又一个地实现你心中描绘的梦想**。

一个房间，如果被各种物品挤满，你就会在无意识中看到不必要、不愉快的信息，能量也因此分散殆尽。可是像这种"成功空间"那样，**没有不必要的物品，能量就不会分**

散，而会集中起来。

由于明确了应该做的事，便集中精力努力工作，所以才能够取得重大的成就。成就关联到晋升，最终带来收入的增加。即使以后自立门户，也可以预见事业顺利、生意兴隆。

人的魅力也会随之不断提升，这种状态下找到的恋人，会让成功进一步加速。我担任了一所正在全国开拓业务的V学校的企业培训工作，曾经看到过V学校各分校的销售数据。

其中销售业绩排位靠前的分校，都是严格实施扫除力的。

走访了这些分校之后，就明白其中的缘由了。**整洁的空间得到细致整理，所有店员对于哪个架子收纳什么物品都掌握得一清二楚。这正是"成功空间"。**

● 让幸福更多地惠及你和周围的人

这是给身处"成功空间"中的你的建议。

保持着这样的空间的你是了不起的。一定十分幸福吧，一定充满了自信，相信能够靠自己的力量创造人生。

但是必须注意的一点是，请不要认为你仅仅依靠自己的力量就走到了现在。这会成为毁坏"成功空间"的原因。

还有，**要经常意识到事业进步与家庭和谐之间的平衡问题**。工作过度会导致房间环境杂乱，这是很容易明白的事，所以有时会出现从"成功空间"一下子降级到"濒临堕落空间"的情况。

应该谦虚地意识到"自己是靠许多人的帮助才走到今天的"，**请对现在取得的成功心怀感谢**。

因此，你需要创造出将在本书第5章讲到的扫除力的**"接待空间"**，争取晋升到"天使空间"的目标。

✦ 天使空间：让人感到盛情款待之意的房间

这是最高级别的空间，如天使降临般美丽、舒心。

构成这一空间的能量要素是**"和谐"**与**"发展繁荣"**。

这里除了**"扫除的技术和知识"**以外，还新加入了**"盛情款待"**的要素。所谓盛情款待，就是接待客人的能量。

举例来讲就是像**5星级酒店**那样的空间。例如东京文华东方酒店、希尔顿酒店等，世界各国的人走进这些空间都会感动。

迪士尼乐园也属于这种空间。迪士尼提出了为人们提供魔法空间、梦幻空间的目标，在那里，你能够体验到梦幻世界所带来的感动。所以很多人成了这里的回头客。

另外，让人们的**心灵受到洗涤的宗教设施**也属于这一空间。许多人仅仅是参观圣彼得大教堂等地，也会被那里所感动吧。

下面列举这一空间的具体特征。

● "天使空间"的特征

◎感谢和感动的心情油然而生，情感变得丰富

◎连看不见的地方也擦拭得干干净净（空气都是新鲜的）

◎不光为自己，也为到访者，不放置不需要的物品

◎为客人考虑，统一了房间的整体概念，加入了盛情款待的要素

◎只留必要的物品，对空间里所有的物品都倾注了爱

这个空间就如同天使降临了一般，使人自然地涌出感动和感谢之情。

刚才讲过的"成功空间"，是任何人都认为很干净的空间，已经是很完美的空间。但是，那只是使自己心情舒畅的空间，只是自我满足的空间。

然而，天使空间消除了"自我"意识，变为**"让他人"心情舒畅的空间**。

住在这里的人当然是成功人士。但是，这里的成功人士，不仅仅是自己成功，还强烈地希望更多的人幸福。

居住在"成功空间"里的人进入这样的"天使空间"，会变得希望更多地为他人服务。

进入这一空间，不仅自己的上进心增强，还必定会**希望他人幸福，希望把他人引导向好的方向**。

这是**款待的能量**所带来的变化。

因为比起为自己，更多地是想为他人服务，所以如果是这样的企业，会理解顾客的潜在需求，制造出热销产品，会很快发展成为比原来大数十倍的企业。创造出奇迹般的发

展。如果是一个家庭，伴侣的事业将飞黄腾达，孩子的学习
成绩将蒸蒸日上。

● 你的未来将"为许多人创造幸福的奇迹"

身处这一空间的人，你的未来将会**为许多人创造幸福的
奇迹**。

"帮助对方幸福""帮助别人发展、繁荣"，越帮助别
人，越会有更多的幸福无休止地循环回来，返还给最初帮助
别人的人。

因为一个正面空间已经建立，它可以摆脱厄运，带来好
运，进一步增加正面能量。刚才在讲"成功空间"时，我举
过一个例子，就是在全国开拓业务的V学校，销售业绩第一位
的分校，就不断完善形成了这样的"天使空间"。

即使任何人都看不到的地方都全部擦拭得一尘不染，以
学生的视角来布置教室。在走进去的一瞬间，就让人内心充
满了感动。

这样的学校，成为销售业绩第一名是理所当然的。

● 让你创造更多奇迹的建议

下面是给身处"天使空间"的你的建议。这个空间，是每一个阅读此书的人，最终想要达到的房间级别。

因此，我给你的建议是，用本书第5章将要讲的扫除力中的"丢弃""去污""整理整顿"来保持这个空间，营造"款待空间"，继续增强盛情款待的意识。

以这种意识保持"天使空间"的话，将会涌现新的构思，使更多的人幸福。

PART 3

事业、财富、人际关系……你能成功吗？

✦ 用不同场所的组合预测单项运势

至此，我已经讲述了反映未来的房间级别，以及区分你的房间级别的方法。

虽然知晓了未来整体的运势，可是还有很多人想知道现阶段最**重视**的某一方面的运势。**"那么，我的事业运如何呢？""我的财富会增长吗？""按照现在的情况，我的孩子将来会怎样呢？"……**

因此在本书第3章和第4章里，**将分别预测事业、财富、人际关系、夫妻关系、孩子以及健康方面的运势。**

这里的关键是，在第1章里讲过的扫除力的代表性观念——"场所的含意"。

鉴定的方法是，从5个角度来观察一个场所，推导出空间的级别。然后再以与单项运势相关联的三四个场所的综合评价结果，预测出未来。

空间级别诊断表

每个场所的"空间级别"以下表为基准进行测评。从"氛围""清洁度""放置度""统一感""物品的量和收纳度"这5个视点进行测评，从A~E中选择一个，填写在图表右端。A为+3分，B为+2分，C为-1分，D为-2分，E为-3分。

例如，"氛围"=C，"清洁度"=D，"放置度"=B，"统一感"=B，"物品的量和收纳度"=C的话，总计为0分，因此综合评价为负级别（0分也作为负级别来评价）。

	A	B	C	D	E	评价
氛围	涌出感动感谢的心情、才思泉涌、情感丰富、内心充实	头脑清醒、视野明亮、精力充沛	安心感、（不好也不坏）没有任何感觉	没精打采、疲意不堪	呕吐、头晕、身体不适	
清洁度	连看不见的地方都干净、空气清新	每个角落都干净、技术性地完成了清洁工作	乍一看是干净的，仔细看缝隙里有灰尘、有可以用去污剂去除的污垢	目之所及都有灰尘和污垢、有的地方多年都没打扫过	灰尘和污垢无所不在、极度脏乱	
放置度	为了他人，不放置多余物品	为了自己，不放置多余物品	有3件以上想要扔掉或修理的东西已经放置了1年多	想要扔掉或修理的东西放置到了阳台或储物间	空间由废品、破烂儿和垃圾构成	
统一感	概念统一、意识到客人的感受、融入盛情待客理念	以自我喜好统一概念	概念没有统一感，但整体是谐调的	没有概念、乱七八糟的印象、只要是能用的东西就用	毁坏、杂乱、肮脏的统一感	

070

（续表）

	A	B	C	D	E	评价
物品的量和收纳度	没有不必要的物品、对所有的物品都倾注了无微不至的爱	绰绰有余地收纳	物品已经多得放不进收纳场所	空间里挤满了物品、物品覆盖了地板，没有下脚的地方	物品堆到了空间的外边	
	＿＿＿＿＿的空间级别的综合评价是					分

　　例如，接下来要讲到的事业运，用第56页的"空间级别诊断表"诊断出办公桌、电脑、书包、书架这4个场所各自的空间级别，计算出各自的分数。办公桌0分、电脑1分……然后计算出这4个场所的分数的总和。

✦ 事业运要看"办公桌"＋"电脑"＋"书包"＋"书架" 🏫 📱 💼 🗄️

　　那么，让我们赶快来预测一下你的事业运吧。**显示事业前途的场所是办公桌、电脑、书包、书架4个地方。**

　　观察这4个地方，就能够预测你的事业今后将如何发展。

　　办公桌是保管"工具"的场所，电脑本身就是显示"成果"的工具。这个方法是面向伏案工作者的。如果是从事技术型工作的人，需要套用以下方法。

我以前是从事清洁工作的。如果是清洁工作的话，办公桌用保管清扫工具的"车"替代，电脑要替换为"清扫工具"。请试着这样稍做替换。

就用第56页的"空间级别诊断表"检测各个空间，计算出分数吧。

办公桌（公司）：预测工作能力

办公桌的空间级别

看一看你在公司的办公桌，就能预知你的工作能力。

办公桌上聚集了你处理工作、取得业绩所用的工具，它鲜明地展现出你的工作状态。也就是说，要想知道你努力工作的程度，只要看看你的办公桌就行了。

客观地看，办公桌上越是书籍堆放如山，东西杂乱无章，越是接近负面空间。结果是，工作的处理能力和速度都会下降。

面对每天积累起来的工作，要在忙碌当中冷静地审视自己的状态，**确实是很难做到的事**。

而且很多情况是，**就在你自己认为"工作进展得挺顺利"的时候，办公桌已经变得杂乱无章了**。这种情况下，**即使你本人认为还没有问题，也意味着你已经工作过度了**。

相反，有时候办公桌会显露出缺乏朝气的状态。难以集中精力工作，不能全身心地投入，这样的状态也会导致杂乱，在办公桌上显露出来。

也就是说，办公桌的杂乱最终显露出了工作能力的低下。显露出过度工作或缺乏朝气的状态。

即使有人因为办公桌的桌面会被别人看到，而用心地收拾整理过，但是他的抽屉里面如果杂乱无章的话，也同样显露出了工作能力的低下。你对待工作的态度，在办公桌上可以一览无余。

如果杂乱的状态一直持续，你埋头所做的工作也会一个一个分散开来，每一个都会半途而废，将来没有任何业绩。

解决的策略是，清理掉阻碍你集中精力的书籍。**有四分**

之一的书籍是不用确认就可以清理掉的。被称为"现代管理学之父"的彼得·德鲁克也曾经这样说。

反之，虽然现在工作还没有取得成果，但办公桌上干净整洁，抽屉里也没有放置工作以外的东西，哪里放了什么东西都一清二楚，现在处于能够集中精力工作的状态，就可以说工作能力是强的。今后会得到越来越多的使自己提升的工作，不断作出成绩。

如果是技术工作者，请看一看保管你使用的工具的场所。

我从事清洁工作的时候，如果保管工作用具的场所混乱的话，工作能力确实会降低。

电脑：预测你的思想

电脑里的空间级别

看一看你的电脑，就能知道你头脑中所想的是什么。

每年电脑的存储量都在增大，现在已经达到了能存入多少高清动画的阶段。与工作相关的邮件和文件系统能够以昔日令人难以置信的数量存入硬盘。

由于技术的发展，电脑能够越来越自由地存放各种信息，如果不在桌面上设置快捷方式的话，别人是无从知道你电脑里面是怎样一种状态的。

你知道电脑里的每个文件放在哪里吗？在需要的时候，你能够立刻找到它吗？

实际上，你的电脑反映出你头脑里对待工作的态度。

不会整理文件，找到所需要的文件要花很长时间，完全不记得文件存在了哪里、用什么名字保存的，顺手保存在了随机储存的文档里……这样的人在工作中会招致混乱、分散，很难做出成绩。

给文件做好标签（分类），按照日期或关键词的顺序排列，**对哪里存放了何种用途的文件了如指掌，能够立刻找出要用的文件，达到这种状态，你的思维也得到了整理。**

经常保持整洁、清晰，迅速处理工作，未来也能集中精力工作，可以说是一种能够取得好成果的状态。

书包：预测工作与生活的平衡

书包里的空间级别

打开你的书包看一看，就能知道你是否掌握了工作与私人生活的平衡。

公司的办公桌当然是不能搬回自己家的。可是书包却会跟你一起往来于家和办公室之间。所以，书包这一项能很好地反映出工作与私人生活之间的平衡。

把书包里装的东西全部拿出来，做一次客观的测评吧。

过度工作导致**工作与生活失去平衡，书包里的东西会变得杂乱无章，常常会背着不必要的东西行走。**

越是因过度工作承受压力的人，越会把非常多的东西塞进书包里，多得没法处理。

例如，3个多月前开始读的几本书。打印出来的地图。想留着吃的糖、口香糖、点心，收据和街头散发的广告，私人用品、与工作有关的东西……时常背着这些混杂在一起的东西走来走去。

这样的状态下，**工作压力甚至会影响到个人生活**。工作的时候精力充沛，可是一回到家，就变得轻度抑郁、失眠、慢性疲劳、生活习惯不规律，乃至生病。

反之，不背必需品以外的东西，经常轻装前进、东西整齐，则反映出工作与生活都很充实的状态。能够集中精力工作，并取得成果，而且，在私人生活中也能恰到好处地专注于自己的兴趣爱好和体育运动。

另外，还有一样和书包一起跟你往来于家和办公室之间的东西，那就是**手机**。这几年，我的手机换成了iPhone，我很喜欢用。回想一下，在工作和生活两方面，使用手机的时间是很多的。

就我自己而言，iPhone似乎显示出了自己的工作状态。工作顺利的时候，提高工作效率用的应用软件就会增加，相反，工作存在压力的话，游戏软件就会增加。

智能手机已经成为主流，能够做各种事情。经常使用的话，能够反映出你的内心，所以，像书包那样测评一下吧。

书架：预测知识的革新

书架的空间级别

看一看你的书架，就能预见你的知识更新状况。书架反映出你对未来事业的投入情况。

虽然电子书籍不断普及，但是对于一个社会人来说，通过书籍获取信息、加深智慧，依然是必须的。

如果没有书架，或者**书架上摆放的书籍很多年没有更新过，这种状态的持续，说明个人处于思考停滞状态。**思考的停滞，直接关系到工作。

现在已经是信息化社会，一个人的知识革新的频率，反映出这个人平时的规划能力、信息处理能力、判断力等。这些与工作能力直接相关，并反映在工作成果里。

在这个意义上，书架是显示你的知识革新的场所。因此，通过观察书架，可以判断一个人未来的事业是否能够成功。

从我自身来讲，回顾从前，曾有一段时期，能力的提高停滞不前。

从2005年开始，我在3年的时间里，出版了30多册有关扫除力的书。那个时期，不单单要执笔写书，还要从事演讲活动和经营，完全是过度工作。结果，学习的时间没有了。随之，著作内容的水平也下降了。

这个时期，书架从3年前就没有变动过。偶尔购买或收到的书，就塞在缝隙里，或堆放在书架以外的地方。

为了不让这样的情况发生，也为了让知识的革新活跃起来，让你的书架肌肉丰满（丰富、充实）起来吧。

通常，根据房间的面积，书架的空间也有一定限度。**如果是能够摆放100本书的书架，就经常更新一下这100本书吧。**不再符合你的知识水平的、不再需要的书，就可以清理掉或者再利用，然后吸收新的信息。

这样，书架上的书就会流动起来，并逐步升级。可以说，**书架上的书经常流动的话，自己的知识基础也在提升。**书架上的书经常变动的状态，就是书架肌肉丰满（丰富、充实）的状态。

如果你的书经常流动，只要望一眼书架，就会激发上进心，就会有新的发现，吸取需要的信息。如果你处于这种状态，那么，不论你现在的工作状态如何，你未来的工作将会让你的能力得到最大限度的发挥。

✦ 综合预测你未来的事业运

正如刚才所说，办公桌显示出现在的工作状态和今后的工作能力，电脑显示头脑，书包显示工作与生活的平衡，而书架显示了知识的革新。从这4个场所，就能够预测你的事业将来如何变化。

单看其中1个场所，就能预知相当一部分的情况，但我想你一定明白，4个场所一起看，可以更加立体地全方位预测未来。

那么，以这几个空间级别的测评结果为依据，试着综合预测一下你未来的事业运吧。把各个场所的空间级别的分数相加起来，算出你的分数是正还是负，然后请进行判断。

办公桌·电脑·书包·书架的空间级别总分

+ + + =

● 综合评价为负的人今后的事业运

现在，你工作的动力是否在下降呢？或者，你是否工作过劳呢？长此以往，**即使你拼命工作，到头来也是白忙一场，很可能无法在事业上取得成就。**

就你现在的能力而言，由于工作量过多，或者工作难度过高，你已经陷入了混乱之中。

无法排出优先顺序更好地集中精力工作，常常陷入东一榔头西一棒槌的精力分散的状态。工作成绩的水准也不断下降。

如此下去，也会由于工作失误引起人际关系的纠纷。这样放任自流的话，会成为裁员的对象，陷入失去工作的最糟糕的状态。思想涣散，工作成绩黯然，对自己失去自信，有陷入抑郁状态的危险。

运用扫除力的"丢弃"，把分数特别低的场所打扫干净吧。

● 综合评价为正的人今后的事业运

现在，你对自己的事业处于很满意的状态吗？**将来，你的工作成绩一定会提高。**而且，新的工作机会也会青睐你。

能看出需要做的工作的本质，懂得优先顺序，能明确分清什么是应该做的工作、什么是应该放弃的工作和什么是可以委托别人去做的工作。因此，能够精力集中地工作，取得成就。新的工作、提升自己水平的工作会相继而至，积极地应对挑战吧。

猎头或独立门户的机会也会光顾，依照你现在的状态，或许正是开始挑战和付诸行动的时刻。因为头脑敏锐、思路清晰，所以善于抓住机会，并得到他人的协助，正是在工作中实现自我的时机。

不过，如果出现了有负级别的场所，要尽早扔掉那个地方多余的东西，进行整理和整顿。有可能因为一个很小的缘由，沦为负级别。每一天，都要以盛情款待之心对待他人，运用扫除力整理每个场所。这样，你定能有更大的发展。

✦ 财运要看"物品的量和收纳度"+"钱包"+"卫生间" 📦 👛 🚽

常说显示财运的地方是卫生间。

可是，**单从卫生间判断你未来的财运还不够充分**。

要从整个房间里**物品的量和收纳度、钱包及卫生间这3个场所来观察，预测出你的财运**。

运用第56页的"空间级别诊断表"，测评出每个空间的级别，计算出你的分数吧。

> **物品的量和收纳度：预测对金钱的控制度**
>
> **房间物品的量和收纳度**

*这里只计算第56页"物品的量和收纳度"的分数。请计

算出厨房、浴室等，家中你所使用到的所有场所（卫生间除外）的"物品的量和收纳度"的分数，算出总数。

看一看房间里物品的量和收纳度，就能知道你对金钱的控制度。从这一点，就能知道你对金钱能够控制到什么程度。

物品的"量"和房间的"面积"，以及"收入"之间是有法则的。

相对房间而言，物品少的空间，收入会逐步增加。

相对房间而言，物品拥挤的空间，无法获得满意的收入。

物品拥挤得超出了自己能支付房租或能购买的房间的面积的话，就说明你购物超出了自己的收入范围，存在浪费或冲动购物的现象。

物品拥挤也说明没能进行整理，即没能够进行管理，更进一步说是不够理性。

不理性是无法进行经营管理的。这也表现在金钱方面。

德国心理学家凯瑟琳说过：**"收入与地板的面积成正比。"**

收入越高，地板的面积越大；越贫穷，地板的面积越狭小。即使是宽敞的家，如果物品拥挤得覆盖了地板，也会由于地板面积狭小而走向贫穷。而即便是面积小的家，如果露出的地板面积比较宽敞的话，也会变得富有起来。

据说电视剧里布置有钱人家的场景时，在宽敞的客厅里只摆放上沙发及少数几件高级家具，几乎不摆放什么物品。

而布置穷人家的场景时则与此相反。比如，在6块榻榻米大小的房间里摆放上被炉，肯定会在上面摆放上一些物品。书架也布置得乱七八糟，再用各种东西把地板占满，一个穷人的房间就布置完成了。确实是这个道理哟。

因此，参照房间的面积以及收纳的空间，决定物品的量，对哪些东西需要、哪些东西不需要做到心中有数，然后再购买东西，这样的状态才变得理性，对金钱的使用也变得高明。因为对钱财能够做到整理，也就逐渐能够进行经营管理了。

钱包：预测对待金钱的态度

钱包的空间级别

看一看你的钱包，就能知道你对待金钱的态度，就能明白你对金钱的热爱程度。

之所以这样说，是因为钱包是放钱的地方，它能显示出你对金钱的虔诚之心（是否重视、是否尊敬）和感谢之意。

我以前曾经出镜参加过韩国的一档鉴定钱包的电视节目。虽然只是以看钱包的照片为主题，但是仅仅通过看照片，就能知道"这个人会一直贫穷下去""这个人将来会变成有钱人"。

"钱包本身是不是脏兮兮、皱巴巴的""是不是乱七八糟地塞进很多积分卡和收据""钞票是不是整齐有序地放在里面"。从这几方面来鉴定，就能知道这个人会变得贫穷还是有钱。

此前，我还曾在中国做过钱包鉴定，钱包可以明显地反映出一个人对金钱的热爱程度。我真切地感受到，无论在哪个国家，**都有一个共同点，就是钱包反映出一个人对金钱的态度。**

在我领悟到扫除力之前，我的人生曾跌入谷底。我负债最多时的钱包，是多年前花2000日元左右买的，已经磨损得破破烂烂、脏旧不堪。

在那个钱包里放了很多积分卡，因为认为哪怕积到很少的点数也划算。结果当然因为点数分散到各种卡里，根本累积不起来。

钱包里还放了很多收据。是因为想着改日要记录家庭收支用吧，结果钱包里无疑成了"濒临失败空间"。

我那时认为把钱花在购买钱包上实在荒唐。所谓钱，不过是张纸而已。甚至认为保管钱的容器就算是个塑料袋也未尝不可。

可是，钱并不仅仅是纸片。而是蕴含了价值的能量。

越是有趋势成为富人的人，越是从没有钱的时候就开始为购买钱包花钱。

这样的人，对金钱心怀感谢。正是因为珍惜金钱，才会为钱包花钱，并把钱包保持得干净整洁。

而且，已经成为富人的人，钱包里是不放多余的东西的。也不会装很多的积分卡。即使放了积分卡，也是本着"只此一家店"的原则，集中在少数店铺上。也会定期清理钱包中的收据。

这与刚刚所讲的"物品的量和收纳度"是相关联的。即，能够管理钱财，才能够经营钱财。

卫生间：预测吸引财富的能量

卫生间的空间级别

看一看你的卫生间，就能知道你是否拥有吸引钱财的素质。

因为卫生间是进行排泄的地方，当然很脏，是任何人都不想打扫的场所。

你可能心里想："真麻烦啊。真脏啊。"但是当你跪下来擦拭卫生间的时候，你渐渐地会认识到："因为有了卫生间，才会有舒适的生活。如果没有了卫生间，那可是大麻烦。幸亏有卫生间啊。"你的心境会变得谦虚起来。

通过打扫卫生间，你会心怀谦虚和感谢。

我在扫除力的表述中，传达出"卫生间就是你的神社"的说法。常常听到因为打扫卫生间而产生奇迹的故事。

这是因为，一个人如果怀有谦虚和感谢之心的话，老天爷也会照顾他。没有谦虚和感谢，是无法不断地吸引来钱财的。

谦虚是一种感到"多亏有您的帮助"的心情。唤起这种心情，将给你带来很大的改变。

例如，在公司里，因为有了很多的同事，自己的工作才能完成。因为有了顾客，才能有公司的存在。要逐渐形成这种谦虚的心情。

有了谦虚，自然会渐渐充满感谢之情。意识到多亏有大家的帮助，会由此逐渐产生出"太感谢了"的心情。产生出"自己一个人的话，什么也做不了"的心情。

领导看到怀有这种心情的人，会怎么想呢？这种人虽然取得了成绩，也会表露出"多亏同事们的帮助""正因为有了顾客""能够让我在这家公司工作，是我的幸运"这样的态度。领导会认为"这种人才要再加提拔"。

一个人越是成为领导，越是认为工作成果来源于团队的力量和上司的帮助，那么这个人无论在哪里都会成功，薪水都会提高。

因此，他的财运无疑会上升。**心怀谦虚和感谢的人，无论走到哪里都会得到重视**，取得成功。因此，人们常说，打扫卫生间会使财运上升，并带来奇迹般的好运。

✦ 预测你未来的财运

如前所述，从物品的量和收纳度可以知道你对金钱能够控制到什么程度，从钱包知道你对待金钱的态度，从卫生间能够看出你是否具有吸引钱财的素质。来看看这3个场所的综合运势吧。

单看其中1个场所，已经能够在很大程度上预知你未来的财运，但是通过综合这3项，可以更加立体地预测未来。

那么，依据每个空间级别的测评结果，综合预测一下你未来的财运吧。

把3项（物品的量和收纳度、钱包、卫生间）的分数全部相加。请看分数为正还是为负，然后进行判断。

物品的量和收纳度·钱包·卫生间的空间级别总分

 + + =

● 综合评价为负的人今后的财运

现在，你是否为金钱感到烦恼呢？综合评价为负的人，正陷入金钱的负面螺旋当中。处于不能控制钱财、不能管理钱财的状态。

这样下去，**你的支出会不断增加，贫穷将不断加剧。**

钱财丢失、即使借钱也无法抑制物质欲、支出巨额的费用，你会遭遇以上这些变故，还会发生被盗、被诈骗、被偷等损失钱财的状况。

首先请试着从分数特别低的那一项开始，运用扫除力的"丢弃"和"去污"来进行清洁。

● 综合评价为正的人今后的财运

现在，你是不是没有金钱的压力，轻松度日呢？**将来，你在金钱方面会有前所未有的好运。**

你能够管理金钱，明确地知道应该如何物尽其用，不会浪费开支。

因为你对金钱心怀感谢，所以在你珍惜金钱的同时，还会制造出吸引钱财的能量，这将为你带来意想不到的临时收入。

而且，与金钱相关，你会有机会从事收入更高的职业，开发出使生意兴隆的热销产品，与金钱相关的好机会将眷顾你。

不过，如果某一项陷入负级别的话，要尽早对那一项的物品实施"丢弃"和"去污"。金钱会因为一个很小的机缘而跑掉。平时怀着对他人的盛情款待之意，运用扫除力对每一项进行整理，可以期待取得更大的发展。

✦ 人际运要看"卫生间"+"盥洗室"+"窗户玻璃"+"玄关"

人在社会中，没有与他人的联系，是无法生存下去的。任何人都有与他人建立良好关系的愿望。

显示未来的人际关系的是，卫生间、盥洗室、窗户玻璃、玄关这4个场所。

卫生间和盥洗室显示出你对他人和社会抱有什么样的心态。

窗户玻璃和玄关显示出你以什么样的态度与他人和社会接触。让我们通过观察这几个场所，来预测你未来的人际关系吧。

使用第56页的"空间级别诊断表"，测评出各个场所的空间级别，计算出你的分数吧。

卫生间：预测与他人交往时的心态

卫生间的空间级别

如前所述，卫生间是显示谦虚和感谢的场所。在人际关系方面，也是十分重要的场所。

看一看你的卫生间，就能知道你对他人抱有什么样的心态。

人无法一个人生存。不光凭自己的力量，还要依靠周围人的支持和给予，才能够生存。是否怀有这样的谦虚和感谢之心，决定着你的人际关系。

谦虚的反面是"傲慢"。傲慢的态度表现为以自我为中心的言行、狂妄自大、无视与他人的合作、无视对他人的尊重。这扰乱了与周围人的和谐。

感谢的反面是"不满足的状态""不知足的心态"。

对别人期待过高，一旦得不到期待的东西，就心怀不满。进而，恶意诽谤，造谣中伤。这也是破坏人际关系的原因之一。

一旦对周围的人失去感谢，这个空间立刻会变得污浊起来。

从这里的污浊，可以看出对周围的人持有傲慢和不满的态度。

通过擦拭卫生间，会自然而然地产生出谦虚和对周围的人的感谢，人际关系也能得到改善。而且，财运及与身边的伴侣的关系也会随之改善，甚至发生奇迹。

盥洗室：预测与他人建立怎样的关系

盥洗室的空间级别

看一看你的盥洗室，就能知道你和周围的人建立了什么样的关系。

你没有压力，建立了健全的人际关系，还是依赖别人、任人摆布、由于过于敏感而感到精神紧张……看一看盥洗室就能知道答案。

没有企图心、不依赖别人、不过度紧张、不伪装，以真心相互交往，才能够建立起最好的人际关系。

盥洗室是洗脸、梳头、刷牙，打造你的基础的场所。而且，映照出在浴室沐浴后，处于不加修饰的状态下的最真实的你。

盥洗室的镜子模模糊糊，或因为堆放了许多美发用品和化妆品而看不清镜子，排水口阻塞，水渍斑斑……这些都会让你**看不到真实的自己，而渐渐变成伪装的自己。**

这个伪装的自己，在外面与他人接触的时候，会勉强自己过度迎合别人，在与别人交往时压抑自己。这会作为人际关系的不和谐因素显现出来。

卫生间变脏的话，同样会渐渐显示在盥洗室里。如果是女性的话，因为梳妆台等化妆的场所也具有同样的意义，同时进行测评的话，可作为参考。

窗户玻璃：预测是否能恰当地把握与他人的距离感

窗户玻璃的空间级别

看一看你的窗户玻璃，就能知道你是否恰当地把握了与他人的距离感。

通过窗户，能够从房间看外面，也能够从外面看到房间内。以人的身体来比喻的话，相当于眼睛。

常言说看眼睛能了解一个人。

害羞时，眼睛不能直视；缺乏自信时，眼睛游移不定；注视喜爱的东西或人时，眼睛闪闪发光……眼睛是把内心传达给外界，并能从外界判断内心的窗口。

房子的窗户也一样。因为面向外界传达内心，所以能够知晓你的内心是开放的还是封闭的。

窗户玻璃多年未擦，窗户的滑轨也堆积起沙尘，这样的状态说明你**在人际关系上心神疲惫，与人交往时处于内心封闭的状态**。

内心封闭的状态，是一种没有恰当地把握与他人的距离感的状态。逃学的孩子、啃老族、抑郁的人，喜欢关闭窗户。甚至有人一直紧闭窗帘，或用纸板堵住窗户。

还有一些从事服务行业的人，不知不觉中患上了社交疲劳症。表面上不拒绝与人交往，但潜意识里积累了由他人引起的神经紧张，很多时候也会反映在窗户上。

如果窗户玻璃是干净的，说明你处于自身稳定并关心外界的状态。能够把握与他人的距离，保持平衡，掌握了与他人交往的方法。擅长交际的人、善于与人交往的人、善于把握与他人距离的人，窗户是整洁而干净的。

通过保持窗户玻璃的洁净，结交新的人脉，能够为掌握了自身利益和幸福感之间平衡的人服务。

另外，窗户玻璃附近变脏的话，在防盗方面也会出现问题。引来外界的负面因素，比如很可能遭到盗窃，值得注意。

玄关：预测对待他人的态度

玄关的空间级别

看一看你的玄关，就能知道你如何与人交往，对他人持怎样的态度。也能知道你在不知不觉中流露出的态度。

用人来作比喻的话，玄关相当于口。这里与窗户一样，**是内部与外部的接触口、能量的出入口。**

是展露你心灵和思想等全部内心世界的场所。

如果展现感谢和谦虚的卫生间与反映真实内心的盥洗室

都十分污浊，显示与他人的距离感的窗户一直关闭着，那么作为进出外界的出入口的玄关，总体上会是杂乱而污浊的。

在对待他人的态度上，傲慢或伪装的心会化作言行，显露无余。

玄关的空间级别基本上是与房子的内部联动的，但偶尔也会出现卫生间和盥洗室很干净，却只有玄关脏乱的现象。这种情况，你需要就你对待他人的态度稍加思考了。应该是属于"刀子嘴豆腐心（态度不好）"的类型。

玄关是别人第一眼看到的地方。如果对别人怀有盛情款待之意，并发挥扫除力的作用，就会渐渐明白应该以什么样的态度来对待他人了。

✦ 预测你未来的人际关系

如前所述，卫生间和盥洗室显示出以什么样的心态对待他人及社会，窗户玻璃和玄关显示出以什么样的态度接触他人及社会。

通过观察这4个场所，能够预测你未来的人际关系。

单看其中1个场所，就能预知很多情况，4个场所一起看，能够更加立体地预测未来。

把每个场所的空间级别的分数全部相加。根据分数为正还是为负，进行判断。

卫生间·盥洗室·窗户·玄关的空间级别总分

● **综合评价为负的人今后的人际运**

现在，你是不是正在为与他人的交往感到烦恼，或是感到精神紧张？

在你的内心里，是不是有点考虑自己呢？太过于只考虑自己，扮演伪装的自己，不能坦率地表达自己的心情。

因为这个原因，你不能恰当地把握与他人的距离，而采取了令人产生误解的态度。

今后，背叛、嫉妒、猜疑心、欲望等，将在你的人际关系中展开，值得注意。因为与他人的纠纷会全部出现在财运、事业运、家庭运中，所以有必要改善。

首先整理卫生间和玄关，其他分数低的场所，运用扫除力的"去污"和"整理整顿"来收拾干净吧。

●综合评价为正的人今后的人际运

现在，你是不是正真切地体味着与好友的相遇相知及缘分的美好？

今后也会有更加美好的缘分化作你的财产，甚至发展到财运和事业运。

人际关系的正面循环从玄关开始，到卫生间、盥洗室、窗户玻璃，进一步以干净的状态呈现出来。

不过，如果有某项陷入了负级别，尽早实施对那一项的"去污"和"整理整顿"吧。有时会因为一个很小的缘由，人际关系崩溃瓦解。

如果怀着对他人的盛情款待之意，运用扫除力整理各个场所，那么人际关系的圈子会进一步扩大，给你的未来人生带来丰硕成果。

PART 4

健康・夫妻・孩子……
你的人生基础将会怎样？

+. 健康运要看"浴室"+"卧室"+"冰箱"🚿 🛏️ 🗄️

要说健康就是人生的全部也不为过吧。

努力工作、谈情说爱、挣钱、保持家庭美满，哪个没有健康都无法实现。

然而麻烦的是，健康不是有钱就能立刻买到的东西，只有靠日常生活的积累才能得到。

我也是过了40岁以后，才真正开始重视健康。

显示健康运的场所是浴室、卧室和冰箱这3个场所。观察这3个场所，预测你未来的健康运。

使用本书第56页的"空间级别诊断表"，测评每个场所的空间级别，计算出分数吧。

看一看你的浴室，就能知道你的疲劳程度。你有多疲劳、有多想消除疲劳……

浴室是洗去一天疲劳的地方。浴室因水渍和发霉而变脏，这是由于没有做扫除的空闲，也就是太忙碌了一些。可是，正因为忙碌和疲劳，浴室才是最应该重视的地方，因为**浴室是冲刷掉一天的污秽与疲劳的地方**。

工作结束回到家中，烧好热水迈进浴缸的时候，"呼"的一下，疲惫一扫而光。

浴室变脏的话，就不能悠闲舒适地在浴缸里泡澡了。这样的生活持续下去，疲劳会一直积累，身体越来越慵懒，泡澡的频率也会减少。

无法消解慢性疲劳带来的精神紧张，有时会使人变得抑郁。身体寒冷是万病之源。

而整洁干净的浴室，可以很好地消解疲劳。

洁净的浴室，能使人放松，恢复体力，让人想长时间地待在里面。燃上几支熏香蜡烛，边读书边泡半身浴，让汗充分地流出来，温暖从体外传递到身内。

在忙碌的每一天里，如果你能保证充分的泡澡时间让心态得以放松，那么可以预测你的未来会越来越健康。

卧室：预测你身体能量的补充状况

卧室的空间级别

看一看你的卧室，就能知道你的身体能量的补充状况。

从卧室能知道，你的睡眠是否充分，能量得到了多大程度的补充。

卧室里的多屉柜上堆满了东西，衣柜里塞满了衣服。照明器具和家具蒙上了一层灰尘，与睡眠无关的东西放在寝具周围，这些都说明你的卧室正走向负面空间。

因此，你会入睡困难，无法进入深度睡眠，当然起床也变得困难。

起床困难导致上学或上班迟到，头脑昏昏沉沉，无法全身心地投入到学习或工作中，学习、工作效率降低。

拖着疲惫的身体，度过了漫长的一天，回到杂乱的卧室，又变得兴奋难眠，熬到深夜，无法熟睡，陷入恶性循环。

人在快睡着之前和醒来时睁开眼睛的一瞬间，是潜意识最容易受到暗示的时候。潜意识里刻入了杂乱的负面空间，相同能量的负面事件就会被引发到现实中来。

我认为理想的卧室是酒店里的卧室。因为房间的布置以舒适的睡眠为第一目的，所以首先没有放置多余的物品。对寝具也有规定的标准。哪怕是一个枕头也是有标准的。

有的酒店，可以根据客人的需要更换枕头。对于床的要求，是能够使人舒适地为身体充电。越是一流的酒店，睡眠环境越舒适。越能够让人在一瞬间进入睡眠。

像这样卧室整洁的正面空间，能够补充身体需要的能量，起床时也很舒服，让人无论何时都能精力充沛地展开积极的人生。

看一看你的冰箱，就能知道你的营养状态。

你是为了拥有健康，保持着合理的饮食，还是过着毁坏身体的混乱的饮食生活？这些都能从你的冰箱显示出来。

我在接受一家健康杂志的采访时，听负责的编辑说，他们策划了一个"请让我看看你的冰箱"的测评冰箱的活动。

据说，**体型好的人、健康的人有一个共同点，就是他们经常打扫冰箱里面，冰箱里没有食物的残渣和洒落的汤汁，保持着清洁。**

而令人更加惊奇的是，他们的冰箱里**保存的食品数量非常少。**冰箱里空空的，有很多富余空间，而且进行了明确的整理，哪种食品存放在何处一目了然。

反之，肥胖的人，不健康的人，几个月也不打扫一次冰箱，有些人的冰箱里，洒落的汤汁已经在冰箱里结了块。而且，冰箱里塞满了食物，甚至还有变质的和过期的，没有做任何整理。

由此可以看出，从冰箱的空间级别，可以知道一个人是否能够控制好自己的饮食。

如果冰箱变脏，变成负级别空间，说明你的饮食把健康置之度外。与其说是为了健康，不如说是吃自己喜欢的东西。

如果冰箱干净，是正级别空间，说明你能很好地控制饮食生活，能够为了健康，进食营养均衡的食品。

因为有计划地购买需要的食品，不会产生浪费，能够做出健康而营养均衡的佳肴。最终还能节约饮食成本。

由于食品摆放得少，还能立刻发现洒落的汤汁和污垢，也能够定期打扫冰箱内部。

冰箱这样干净，将来会拥有不易生病的健康体魄。冰箱脏的话，将来会步入营养不均衡、代谢综合征的行列，还可能患上因生活习惯不良引起的各种成人病。

每天一点小的积累，最终会产生天壤之别的结果。这已经从冰箱里反映出来。

✦ 预测你未来的健康

如前所述，浴室显示你的疲劳度，卧室反映你的能量补充，冰箱显示你的营养状态。从这3个场所，能够预测你未来的健康将如何变化。

单看其中1个场所，就能在很大程度上预知你的健康运，3个场所综合地看，能够更加立体地预测未来。

那么，依据每个空间级别的测评结果，试着综合预测你未来的健康运吧。把各个空间级别的分数全部相加。根据分数为正或为负来进行判断。

浴室·卧室·冰箱的空间级别总分

🚿 + 🛏 + 🗄 =

● 综合评价为负的人今后的健康运

现在，你的身体状况是不是不太理想？**这样下去，身体的平衡会完全崩溃。**

慢性疲劳无法消除，身体机能无法重新启动。入睡困难，无法熟睡，早晨起床困难，疲劳残存，引起身体不适。因过度吸收卡路里，体重增加，出现代谢综合征，还可能出现厌食症。由于体力下降，抵抗力也会降低。

因为容易意识分散，预测可能发生受伤等事故。还有，请注意预防抑郁症和内脏器官等方面的疾病。

首先运用扫除力的"去污"和"整理"，把分数特别低的场所打扫干净。

● 综合评价为正的人今后的健康运

现在，你是不是已经感到浑身充满了活力？可以预测，你将来在精力、体力、集中力方面也会保持良好的健康状态。这3个场所为正级别，说明你对健康十分关心和在意，时刻用心保养。请把现在的状态保持下去。

、你为自己健康的将来进行了充分的投资，你能够越来越多地获得精力、体力和集中力，事业运、财运和恋爱运也会上升。

当成功来临，你会变得更加忙碌，请进一步注意保持健康运势。在浴缸里点燃一支熏香蜡烛，选择合适的入浴剂，在卧室里放上一台能够调节湿度的加湿器，改善睡眠的熏香和枕头，还可以把照明设备改为暖光灯，等等。这样，长久地保持幸福感，你会继续取得成功。

不过，如果有哪一项出现了负级别，要尽早扔掉那个场所里多余的东西。有时会因为一个很小的原因，造成健康的崩溃。

另外，每天还要意识到除你自己以外的家人的健康状况，运用扫除力整理各个空间，这样，才可以期待更大的发展。

✦ 夫妻运要看"卫生间+共用部分"+"卧室"+"起居室" 🦵 🛋 🛏

与伴侣的未来，显示在卫生间+共用部分、卧室和起居室3个场所。

这些场所都是双方每天必用的空间。而且，卧室和起居室是要共度光阴的空间。

从这几个场所的空间级别，可以预测夫妻关系是会越来越亲密，还是会变得心灵无法沟通，上演性冷淡、外遇、离婚等最糟糕的一幕。

使用第56页的"空间级别诊断表"测评各个场所的空间级别，计算出分数吧。

卫生间+共用部分：预测夫妻间的感情

卫生间 + 共用部分的空间级别

看一看以卫生间为主的共用部分，就能知道夫妻二人相互之间的感情如何。

共用部分是双方每天都要使用的场所。卫生间作为关系到各种未来运势的空间，本书中已经反复出现过多次。我多次说明，这里是显示谦虚和感谢的场所。

从卫生间可以看出住在这里的人们是心怀谦虚和感谢，

还是极其傲慢和自私。

夫妻关系是否融洽，与相互间是否怀有谦虚和感谢之心息息相关。

我家的卫生间，我的妻子每天都打扫得干干净净。每次进入卫生间，我自然地会涌出感谢之心。希望尽量不把卫生间弄脏。自己弄脏的时候，立刻自己动手打扫干净。

夫妻关系融洽的话，即使在盥洗室这样的共用部分洒出来一些水，也会认为："水没有关严啊。一定是太忙了吧。"相互给予理解。

夫妻当中的某一方怀有这样的心情的话，另一个人也会不可思议地变得怀有同样的想法。彼此都希望为家人把脏的地方打扫干净。

如果夫妻相互责备的话，那么包括卫生间在内的共用部分立刻会变得脏起来。无人打扫的脏乱状态，说明失去了感谢和关心。"为什么这么脏了还不打扫""脏死了"，彼此对对方做出无言的批评。

我鉴定房间的时候，会把包括卫生间在内的盥洗室和玄关等共用部分巡视一遍。

夫妻关系恶劣的家庭，共用部分一定是脏乱的。当我说"这里很脏啊"，回答一定是"因为这是我丈夫打扫的地方""这里是我妻子弄脏的"等，把责任归咎于对方。

失去了感谢和体贴的夫妻，当然会关系恶化，会更多地发生争吵或者双方避而不见。结果，有的甚至会发展到外遇或离婚。

卧室：预测夫妻之间是否相爱

卧室的空间级别

看一看卧室，就能知道夫妻之间是否相爱，是否相互信赖。

人们平常可能不大会意识到，任何人在睡着的时候都是毫无防备的。所以，能够使人感到安心，是一个卧室的绝对条件。

如果对你怀有杀机的人在你的卧室里，你肯定是无法熟睡的。即使是自己的爱人，如果信赖关系没有达到一定程度，同样是无法一起入眠的。

相互怨恨的夫妻，哪怕是和对方待在同一个空间里一小会儿，都会觉得痛苦。即使彼此沉默不语，也常常有一种被埋怨的感觉。

卧室是身体能量充电的场所。即**放松的地方，所以当然不希望让自己厌恶的人进来**。厌恶的人在身边的话，是无法安心入眠的。因此，关系恶劣的夫妻的卧室都是分开的。

卧室杂乱，说明夫妻间存在问题。夫妻间不交谈的话，会把书或其他多余的东西带进卧室，夫妻间的交流会越来越缺乏。爱情渐渐冷却。

在向我咨询夫妻问题的人中，经常有人谈到性冷淡的问题。

卧室杂乱，缺乏交流，身体能量也得不到充电，经常感到疲劳，这样的状况下，当然会出现性冷淡。

创造一个没有多余的物品、能够熟睡的环境，这样，彼此感到放松，身体得到充电，也能够产生交换爱情的感觉，形成相互信赖的关系。

起居室：预测家庭的和谐程度

起居室的空间级别

看一看起居室，就能知道夫妻及家人的和谐程度。

作为房间中心部分的起居室，相当于人体的"心脏"。

心脏为身体的所有部位输送血液。同样，起居室担任着向各个房间输送能量的任务。

能量的源泉，由处于家庭中心地位的夫妻二人共同挖掘。

夫妻关系恶化的话，会讨厌一起待在起居室这个休息的场所。彼此在起居室里释放出不满的心情，然后关起门，待在各自的房间里。

如此一来，起居室里出现了负面磁场。因为嫌麻烦，拿出来的东西不收拾回去，脱掉的衣服一直扔在外面，然后把责任推卸给对方，起居室成了不满情绪相互撞击的场所。因为不再相互尊重，杂乱程度日渐加重。

反之，起居室越干净，夫妻关系越变得和谐，夫妻二人愈加亲密。

起居室承担着向各个房间输送能量的任务，**这里变得干净整洁的话，和谐的能量会流入每个房间，流入所有家庭成员的人生。**

"想为对方创造一个能够放松的空间，创造一个尽量让内心感到平静的空间。"夫妻当中有一方这样想的话，起居室就会渐渐地变成正面空间。

呈现出的现象是，没有污垢、没有废品、没有灰尘，清爽而干净。走进这样的空间，对方也能够放松，涌出感谢的心情。夫妻相聚在这样的起居室里，孩子们也会聚集到这里，家庭将会和谐美满。

✦ 预测你们夫妻运的未来

如前所述，以卫生间为中心的共用部分，显示出相互之间是否怀着谦虚和感谢之心进行沟通，卧室显示出是否相爱，起居室显示出是否保持着夫妻和谐、家庭和谐的良好状态。

单看其中1个场所，就可以在相当程度上预知夫妻运势，综合评价这3个场所，可以更加立体地预测未来。

那么，以各个空间级别的测评结果为依据，试着综合预测一下未来的夫妻运吧。把每个场所的空间级别的分数全部相加。以分数为正或为负进行判断。

> **卫生间+共用部分・卧室・起居室的空间级别总分**
>
> 🚽 + 🛏 + 🛋 =

●**综合评价为负的夫妻，今后将会这样**

"为什么不能理解我的感受呢？"现在，你对你的伴侣是不是有这样的想法？<mark>这样下去，两个人的感情会越来越疏离。</mark>

虽然还没有发展到夫妻争吵的程度，但在平静的水面下应该已经出现不和谐因素了。

可以想象，当杂乱越来越严重时，夫妻之间不断发生口角、争执和对骂的情景。

长此以往，甚至会发展到家庭暴力、外遇、婚内分居或陷入离婚的泥沼，上演一系列的爱恨剧。

首先，运用扫除力中的"丢弃""整理整顿"，从分数特别低的场所开始打扫。尤其要经常有意识地给起居室通风换气，使好的能量得以循环。

● 综合评价为正的夫妻，今后将会这样

现在，你是不是对你的伴侣感到深深的信赖？

今后，**你们会一直关系亲密，相互给予良好的影响，共同取得发展。**

在这个时期，为了进一步加强夫妻间的纽带，试着设定一个夫妻二人共同的理想。两个人明确了一个目标或理想，并共同为之努力的话，实现理想的速度会加快，更加升华两人之间的纽带。

你和你的伴侣都会在事业中轻松地取得成就，能够建立

起相互支持的关系。因为夫妻二人的力量合二为一，**如果共同创业的话，你的伴侣也会成为你最好的参谋，使你们的事业繁荣发展。**

而且，因为夫妻关系美满和睦，**也是孕育孩子的好时机。**如果你们已经有孩子，那么孩子的未来也会稳定发展。

不过，如果某一项陷入负级别的话，要尽早对这个场所实施"丢弃"和"整理整顿"。有时会因为一个很小的原因，使夫妻关系产生裂痕。

而且，如果你每天有意识地对你的伴侣心怀感谢，并运用扫除力整理每个场所的话，可以期待你和你的伴侣都会取得更大的发展。

✦ 孩子的未来要看"孩子的房间"+"学习桌"+"随身物品"+"起居室"

孩子顺利地成长，会让父母感到莫大的幸福。

可是，当孩子成绩不尽如人意，不听父母劝告的时候，做父母的会感到烦恼，责备自己"是不是不够做父母的资格"。

如果知道未来的话，就能够朝着更好的方向引导孩子。

在这里，让我们**就孩子的将来会如何发展，来看一看孩子的房间、学习桌、随身物品以及显示父母对孩子影响的起居室**这4个场所吧。

使用第56页的"空间级别诊断表"，测评出每个场所的空间级别，并计算出分数吧。

> ## 孩子的房间：预测孩子内心的整体状态
> ### 孩子的房间的空间级别

"你的房间就是你自己。"我在扫除力中曾这样告诉大家。

同样，**"孩子的房间就是孩子自己"。也就是说，从孩子的房间，能够知晓孩子内心的整体状态。**

仅仅从孩子的房间，父母就能客观地把握孩子的状态。

如果房间变得杂乱，父母常常提醒孩子"该收拾一下了"，说明孩子的内心正在变得涣散，心情纷乱，或者感到

烦恼，而且感受到来自父母的压力。

如果杂乱程度激增，说明孩子的烦恼或问题更加严重了，请多加注意。

如果孩子的房间经常整理有序，说明孩子在顺利地成长。孩子内心的稳定情绪可以通过房间显示出来。

房间干净整洁，使得能量朝着正面方向循环。也说明孩子在人际关系、学习、文体活动等方面很好地掌握了平衡。

这样，父母通过客观的观察，可以将孩子的房间是正面空间还是负面空间作为线索，把握孩子将要面对的未来。

学习桌：预测孩子的学习热情

学习桌的空间级别

学习桌反映出孩子的学习热情。

孩子的房间虽然很干净，但是学习桌却十分杂乱，说明虽然整体情况顺利，但学习不够专心，学习热情不高。

如果忽视了这里，那么很快会对成绩造成影响，学习渐渐落后。

必须注意的是，虽然得到父母提醒，有些孩子把桌子表面收拾干净了，但是抽屉里面或桌子里面看不到的地方却杂乱无章，这同样说明孩子学习的欲望停滞不前。

学习桌如果干净整洁，说明孩子能够集中精力刻苦学习。学校的课程不会落后，对待学习的心态是平和的，也就是说，在当前情况下对学习是感兴趣的。

即使现在成绩不理想，从现在开始，每天把学习桌收拾干净的话，将来的成绩会不断提高。

随身物品：预测孩子的内心世界

随身物品的空间级别

看一看孩子的随身物品，就能了解到父母平时很难知晓的孩子的内心世界。

如果孩子的随身物品十分杂乱，说明孩子有不能对父母诉说的烦恼（朋友或学习方面的问题等），或者感受到来自父母的压力。有很多时候反映在随身物品的细节里。

很多对父母言听计从的孩子，都会感受到来自父母的压力。

例如，课本、笔记本、笔盒、硬式双肩背包或学校书包等，都能反映出孩子的内心世界的另一面。

小学生会背着硬式双肩背包往来于学校和家之间。这时，家里的紧张情绪和学校里的紧张情绪就会反映在背包之中。

笔记本上的字迹潦草、背包里的东西杂乱、装入很多与学校无关的私人物品等。还有，通过观察笔记本或课本有无残损或涂鸦，可以确认孩子有没有欺负别人或被人欺负。

即使房间干净，学习桌整洁，也有可能在以上这些细节中呈现出完全相反的状况，所以值得注意。

如果笔记本记录得整齐干净，没有涂鸦，书包里也没有装不必要的东西，说明孩子的内心处于稳定的状态。

既要注意检查整个房间，也要定期检查随身物品。

起居室：预测孩子情绪的稳定状况

起居室的空间级别

起居室反映出孩子的情绪是否稳定。

家庭成员共用的起居室，显示出父母给予了孩子什么样的状态。

正如刚才在夫妻关系当中所说，起居室是房子和家庭的心脏部位。因此，能预知家庭，特别是夫妻的和谐程度。

夫妻关系会给孩子带来巨大的影响。

夫妻关系不和，极有可能使孩子情绪不稳定。

相反，夫妻关系融洽，则能够使孩子顺利地成长。夫妻间心灵相通，总保持和睦的关系，也是让孩子内心稳定，集中精力学习，生机勃勃地度过像样的童年生活的基础。

✦ 预测孩子的未来

如前所述，孩子的房间反映出孩子内心的整体状态，学习桌反映出学习热情，随身物品反映出父母没有注意到的孩子内心的细微部分，而起居室反映出受夫妻关系影响的孩子的情绪。

单看其中1项，就能在相当程度上预知孩子的未来，4个场所综合测评，可以更加立体地预测未来。

那么，依据每个场所的空间级别的测评结果，试着综合预测一下孩子的未来吧。把各个场所的空间级别的分数全部相加。以分数的正负来进行判断。

孩子的房间·学习桌·随身物品·起居室的空间级别总分

▥ + ▱ + ◹ + ◱ =

● **综合评价为负的孩子，今后将会这样**

现在，你对孩子是不是有所担心呢？

你 需要警惕学习能力差、受人欺辱、失足、逃学、生病、受伤、事故等。因为孩子发出了潜在的SOS求救信号，作为父母，此时应该切实地向孩子伸出援助之手。有必要站在孩子的立场上，倾听孩子的烦恼。

重要的是，作为父母的你，绝对不要打扫孩子的房间，不要整理学习桌，不要收拾书包里的东西。因为那样做不能从根本上解决问题。

那是想要改变孩子内心的一种行为。即使是自己的孩子，你也不能支配他的心灵。

作为父母首先能够做的是，围绕展现自己内心、展现夫妻二人未来的空间，进行改善。一定不要搞错了顺序。

● **综合评价为正的孩子，今后将会这样**

现在，你的孩子正在顺利地成长。

不论是学习还是人际关系，总体上掌握了平衡，内心处于稳定状态。

为了让孩子能够更好地发挥自我，你可以默默地支持他。作为父母，可以定期地检查孩子房间的整体状态。

不过，如果某一项陷入负级别的话，一定要引起足够注意。

作为父母能做的是，以展示夫妻二人未来的空间为中心，着手进行改善。

而且，**父母能够发挥扫除力的话，孩子自然也会模仿这种做法**。因为你发挥了扫除力，孩子也会越来越散发出自身的光彩。

PART 5

能改变你未来的"扫除力"

✦ 去除负面的种子，播种正面的种子的扫除力

至此，为了知晓未来，你鉴定了你的房间所呈现出的心态，并已经预测出即将发生的未来。

打比方来讲，房间呈现的形态就像植物的种子一样。

如果不是专家，只看种子的外表，无法知道那是什么植物的种子。只有当种子发芽、开花、结出果实的时候，才能判断出是什么植物的种子。

房间的状态也与此相同。

播种下负面心态，发出的芽就是房间的脏乱。不久会结出不良事件、事故或不幸等**负面的果实**。

前述预测未来的方法中，房间级别及单项运势的测定，就是鉴定在房间里播下的种子（反映在房间里的心态）的方法。

139

因为我是扫除方面的专家，从经验中学会了甄别种子的方法。也就是前述的预测未来的方法。

这就如同从园艺专家那里可以学会认识种子的方法一样。

按照上述方法，你也可以看到你自己的未来了，不是吗？你能够理解与占卜和神灵启示截然不同的预测未来的方法了吧？

如果自己可以看到未来，这之后的事就简单了。

靠自己的力量改变未来。

或许你已经凭借前述的未来预测，发现了结出不良事件、事故、不幸等恶果的种子了。

解决的策略是，去除播种在房间里的负面种子。去除的方法，你已经知道了吧。

是的，就是实施扫除力。用扫除力去除负面种子就可以了。

为了去除房间里播种的负面种子，即，为了去除房间中呈现出的负面磁场，下面的5个步骤十分重要。

去除负面种子的扫除力

1. 换气

2. 丢弃

3. 去污

4. 整理整顿

5. 撒盐

按这个顺序去做，能够去除引发负面未来的种子。进而能够创造出清爽、整洁的正面空间。

首先，第1步的换气非常重要。

一旦决定要实施扫除力，一定要打开窗户，换入新鲜空气。这不仅能够赶走灰尘以及人们制造出的二氧化碳和热量，还能够赶走负面的能量。

虽然想着"必须做扫除了"，但是无论如何都没有干劲，突然就感到很疲劳……你是不是会有这种情况呢？这也是因为从垃圾或污垢中产生出负面能量的缘故。

实际上，**丢弃、去污等活动会消耗比体力更多的脑力。**

141

换气能够使扫除的实施顺畅地进行。

　　换气能够赶走负面能量，换进正面能量，不光是"极度危险空间"的人，希望"天使空间"的人每天也做到给房间换气，这是基本的扫除力。

　　第5步是扫除力里的一个任选项。就是在打扫房间时，在房间里撒上盐，然后再用吸尘器吸干净。虽然这样做可以把空间打扫得相当整洁，但是因为有人反映说由于吸尘器的机型不同，吸了盐以后坏掉了，还有人说盐掉进地毯的缝隙里，很难清理干净，所以，请自己决定是否要尝试。

　　这一步骤的基本说明，《实现梦想的扫除力》等已经出版的书籍中有过记录，所以详细内容请参阅这些书籍。

　　本章将会按照第2章中所讲的房间级别，就扫除力的"丢弃""去污""整理整顿"和以创造"天使空间"为目标的"接待空间"做出详细说明。

✦ "丢弃"

"丢弃"有剪断能量的作用。"丢弃"具有的这种作用，能够斩除掉空间中长期形成的无法斩除的负面能量。

把废品一口气全部扔掉，**能够根除至今无法割断的负面链锁以及生活方式。**

这样一来，至少让你有可能从最糟糕的状态中摆脱出来。有句话叫作"不会蜕皮的蛇将死去"。

前几天，我在电视里看到了鲨的蜕皮过程。据说，鲨也跟蛇一样，如果不蜕皮，就无法成长，甚至会死去。

靠蜕皮成长的生物，如果不扔掉旧的皮或壳的话，不但不能生长，还会死去。蜕皮行为本身就是以惊人力量来完成的生死攸关的一件大事。

保留过多的东西，被废品和废品产生出的负面能量所累。与蜕皮相同，东西越积攒得多，扔掉东西时需要的力量越多。不过，**能够做到丢弃这一步的话，人生确实会宛如重生一般，时来运转。**

总之，处在"极度危险空间"、"濒临堕落空间"和

"安心空间"的人，先实践"丢弃"这一步至关重要。

● 哪怕借助他人之手也要丢弃，彻底地丢弃！

"极度危险空间"的房间，堆满了废品，污垢多年无人打扫。

因此，必须拥有惊人的决心和能量。

因为这是你以人生为赌注，与负面能量展开的战役和搏斗，如果只由你一人去完成的话，可能你已经想要投降认输了。

况且，以你自己的力量，已经无法判断出该扔掉哪些东西。所以，**借助他人的力量是最迅速有效的办法。**

如果有可以托付的朋友或亲戚的话，可以请他们帮忙，但是也可以请来专业的清洁人员，因为专业人员已经习惯应对各种情况。

总之，要下定决心："刻不容缓地摆脱负面空间。"

这之后的判断，要全权委托给别人。**建议你写上一句：**

"不管扔掉什么东西，都没有意见。"

当然，请把不能扔掉的图章或贵重物品等，集中放在一个地方。

请以任由他人处置的决心，挽回你的人生。无论如何，请丢弃，彻底地丢弃。

●扔掉"迟早"和"曾经"，提升空间级别

"濒临堕落空间"的人，你的房间里连下脚的地方都没有，空间已经被各种东西塞得满满的。不过，因为你还勉强能够自己进行判断，所以，为了提升空间级别，首先扔掉那些妨碍了你的废品才是上策。

虽然短了但觉得或许还能用的铅笔，用小了的橡皮，几个月前买的杂志，别人给的碗……想象一下空间级别提升后的你自己，就能够扔掉这些东西了。

而且，身处这一空间的人，**容易被过去或未来所束缚。**

"那个时候曾经很美好""曾经很快乐"，被过去的辉煌或甜蜜回忆所困，失去向前看的精神。反而无法忘记过去因失败和挫折而受到伤害的事情，或无法忘记相关的言语，

陷入无法自拔的状态。

把带有过去回忆的物品、奖杯、奖状以及以前的男朋友/女朋友的照片，统统扔掉吧。

常常听到不扔掉东西的理由是，"迟早要用的""早晚会需要的"。这个"迟早"从来没有到来过。**"迟早"是永远不确定的。**

这种想留住"迟早"的心理，可以说是对未来不安和逃避的表现。

因此，不安和逃避的能量带来了暗淡无光的未来。于是再一次无法扔掉附加了"迟早"含意的物品，并如此循环往复下去。

因为很多时候你都像这样被过去和未来所束缚，所以你要扔掉纠缠于"过去回忆的物品"，还要扔掉附加了"迟早"的含意的物品。

从某种意义上讲，这不是一种活在现在的状态，而是活在过去、逃避未来的状态。

人出生时什么都没有带来，两手空空地降临到这个世界。而人死去的时候，什么东西也带不走。请你用心去感受这个事实，面对扫除力的实践。

把阻碍自己空间级别进一步提高的废品扔掉，抛开对未来的不安，抛弃附着了过去的失败与回忆的东西，这样你才会激发出活在现在的力量。

正是这股力量，将化作你开创未来的力量。

● **明确必要的物品和数量，才能做到丢弃**

为了从"安心空间"升级到"成功空间"，你需要知道住在"成功空间"里的人的状态。

"成功空间"里的人，明确地知道自己需要的物品和数量。买东西的时候也不会冲动购物，能够判断是不是自己需要的物品，并有计划地购买。

因此，持有的物品少，不会出现东西塞满房间的情况。对所有物品，都明确了"为什么要拥有"的理由。

为了达到这一空间级别，首先要确认一下现在你拥有的物品有什么存在的理由。你需要问一问自己："为什么我要拥有这件物品？"

我在培训班里经常这样说。

"请把房间里的笔集中到一起。请集中所有的圆珠笔、铅笔、油性笔等书写工具。"

假设集中起来的圆珠笔共有30支。

当我问到："为什么需要30支呢？"很多人回答："无意中就有了这些笔。"我会对他们说，清除掉这种无意吧。

请明确需要的笔的支数。请搞清楚，对自己来说，需要多少支圆珠笔，荧光笔需要哪些颜色，还需要其他什么东西。

当你搞清楚了需要几支笔，这些笔是用来做什么的，就可以过渡到"成功空间"了。

我举了笔的例子，衬衫、领带、套装、内衣等也与此相同。还有书包、化妆品、伞……也是如此。为什么保留这个数量的物品呢？

请把你拥有的所有的物品都这样统计清楚。你的头脑会清醒起来，可以逐渐看清自己。

这样，你的优势会逐渐显现出来。逐步明确你做事的目标和内容，以及今后要发挥自己的优势集中精力做什么事情，你的房间也会逐渐过渡到"成功空间"。

+. "去污"

污垢，是指灰尘、霉菌、锈斑和蛀虫等。

把灰尘或霉菌赶出房间，能够一扫心中的不平或不满。 心中的不平或不满被一扫而空，精神不再紧张，就能想出解决问题的方法。

通过去除污垢这个关键步骤，可以回到最初的干净的状态。反复实施这个步骤，**会形成有逻辑的、有道理的想法，发现自己身上会产生问题的原因所在。**

例如，如果你感到不满，认为："工资太低，简直没法干了。"那么认真思考一下不涨工资的原因，你就会发现自己没有取得工作成绩，人际关系不和谐，不能为公司做出贡献。

明白了这些，你的意识当然会从愤愤不平转换到想要解决问题的方向。

而且，你还会明白，牢骚满腹会给未来带来怎样的负面影响。

赶走灰尘，就除去了你内心的尘埃和纠结，心情会恢复平静，找回长久以来遗忘的稳定与和谐。

身处"濒临堕落空间""安心空间"的人，在实施"丢弃"的同时，也会同时动手实施"去污"这个步骤。

●确定优先顺序，化整为零地去除长年的污垢

"濒临堕落空间"的房间，不光东西被搁置不管，污垢也长时间无人打扫。

柜子和冰箱的顶部、家具的顶部或看不到的缝隙里，定然积满了厚厚的灰尘。还有，照明灯具的顶部、床的下面等，通过平常的大扫除应该一年清理一次的污垢，也因为懒怠两三年都没有清理过了。

灰尘和污垢显示出你的不满以及你内心对未来的<mark>无力感</mark>。

实际上，灰尘会让你处于功能停滞的状态。请下定决心，根除你内心的纠结，着手实施"去污"。

不知道从哪里入手才好的人，**先决定一个优先顺序，然后再化整为零地除去污垢。**

例如，1起居室，2厨房，3卧室……决定好优先顺序，起居室里面先清理桌子上面，接着是地毯、电视的上面……像这样化整为零地去除污垢。

房间打扫干净后，要定期去污，保持整洁。可以以桌子一天整理一次、吸尘器一周使用一次的频率，养成定期打扫的习惯。

● **让家中有光泽的物品闪亮起来，开辟出让精力集中的空间**

为了彻底清除污垢，我们需要掌握去污的知识和技术。

需要了解污垢的性质和有关去污剂的知识。**去污的流程是中和→分解→去除。**

简单来讲，餐具上的油渍和其他地方的油污属于酸性。所以，要用碱性的东西清除。家庭中可以使用小苏打和肥皂。

水垢和肥皂污渍属于碱性，所以要用酸性的柠檬酸或醋清除。

其余的请参考市场上出售的去污剂的说明，进行选择即可。还有，细小缝隙里的污垢，要用平头改锥等工具清除。

运用扫除技术把污垢和灰尘清除掉后，房间随之转变成一个可以集中精力的空间。一个使人头脑清醒、内心洁净的空间诞生了。

还有一个去污的要点，就是**让有光泽的东西闪亮起来。**

包括：家里的金属制品、水龙头和水槽四周、卫生间的水龙头、管道、镜子、玻璃、家电等。还有电视屏幕。

让家中能散发光泽的地方闪亮起来，每天映入眼帘的是家里干净得闪闪发光的状态。

每天看到这样一个没有污浊的闪耀着光芒的空间，你的内心和潜意识，会唤醒成功的能量、成功的感觉和意象。进而，每天会激发出更加积极向上的心态。

由积极向上的心态，产生出集中力，使你能够努力做自己应该做的事，并能够取得成果。

✦ "整理整顿"

通过"丢弃"减少了你持有的物品，为了收纳剩下的物品，接下来要进行整理和整顿。

收纳的要点是**随时能够掌握哪里放了什么物品、放了多少物品。**

而且，为了自己今后的目标以及应该做的事情，必须能够立刻取出所需要的物品。

例如，想要做饭的时候，能够毫不犹豫地立刻拿出烹调用具。也能立刻拿出调味品，所有的物品是否有条理地摆放，这点非常重要。

"咦，煎鸡蛋用的平底锅，明明是放在这里了呀！"
"海带汁放到哪里去了？"你可以从这些浪费时间的烦恼中解脱出来。

所有的物品都处于井井有条的状态后，你会渐渐明白你自己想要成为什么样的人。然后，会以最快的速度找到实现目标的办法。这就是成功者的思考模式。

身处"安心空间"的人，以"成功空间"为目标，一定要着手实施"整理"的步骤。

● 运用思维导图，成为整理能手！

为了开始整理，这里有一个好的方法。

不要漫无目的地开始整理，**要使用"思维导图"决定如何进行物品收纳。**

所谓思维导图，是一种深入理解事物的思考方法，即在图的中央写上需要深入思考的对象的名称或画上这一对象的插图，然后放射状地连接出与之相关的关键词或图像，再画出分支，层层扩大关键词。

接下来要介绍的思维导图的制作方法，加入了我的改编。

图的制作方法，是**在正中央写上场所的名称**。例如，写上起居室，再从这里开始，**连接出摆放在这个房间里的收纳**

家具，作为第一层分支。例如，柜子、CD架等，从写在正中央的起居室出发，以分支的形式写下来。

再从收纳家具开始，连接出各个收纳家具的抽屉作为第二层分支，**最后在图上决定每一个抽屉里收纳什么物品。**

整理书房里的书籍时，我会像第124页的图那样，在思维导图的正中央写上"我的书房"。

从这里连出一条线，写上"书架1"，因为书架有7层，所以从"书架1"连接出7条分支。在7条分支上写下想摆放的书籍类型。第1层是文学1，第2层是文学2……第5层是自我启发类，第6层是精神心灵类，第7层是艺术类，依次写在图上。

然后再开始依次地把书摆放在书架上。

同样再从"我的书房"连接出书桌1、书桌2的分支，做出设计图。

通过这样整理，你的房间可以过渡到"成功空间"。

这样，一个新的状态就出现了。房间里没有了污垢，也没有了废品，必要的东西在必要的地方，物品都存放在它应该出现的场所，需要使用时能够立刻拿出来。

```
                                                                    ┌─ 文学 1
                                                                    ├─ 文学 2
                                                                    ├─ 经营 1
                                              ┌─ 书架2 ──────────────┤─ 经营 2
                                              │                      ├─ 自我启发
                     ┌─ 书架3 ────────────────┤                      ├─ 精神心灵
                     │                        │                      └─ 艺术
                     │                        └─ 书架1

            我的书房 ┤

                     │        ┌─ 书桌2                    ┌─ 书桌1
                     └────────┤                           │
                              │   袖扣 ┌─ 贴身物品1        │   ┌─ 笔
                              │   手表 │                   ├─ 文具1 ─┤─ 订书器
                              │  名片夹 ├─ 贴身物品2        │        ├─ 剪刀
                              │   笔盒 │                   │        ├─ 裁纸刀
                              │ 钢笔   │                   │        └─ 夹子
                              │ 荧光笔 │
                              │ 多功能笔│                   ├─ 文具2
                              │        │                   │              ┌─ 信笺
                              │        ├─ 文件1             ├─ 重要的东西 ─┤─ 信封
                              │        └─ 文件2             │              ├─ 发票
                                                           │              └─ 图章
                                                           │
                                                           ├─ 数码机器 ─┬─ SD卡
                                                           │            └─ 数码相机
                                                           │
                                                           └─ 封套类 ─┬─ 信封
                                                                      ├─ 透明文件夹
                                                                      └─ 活页夹
```

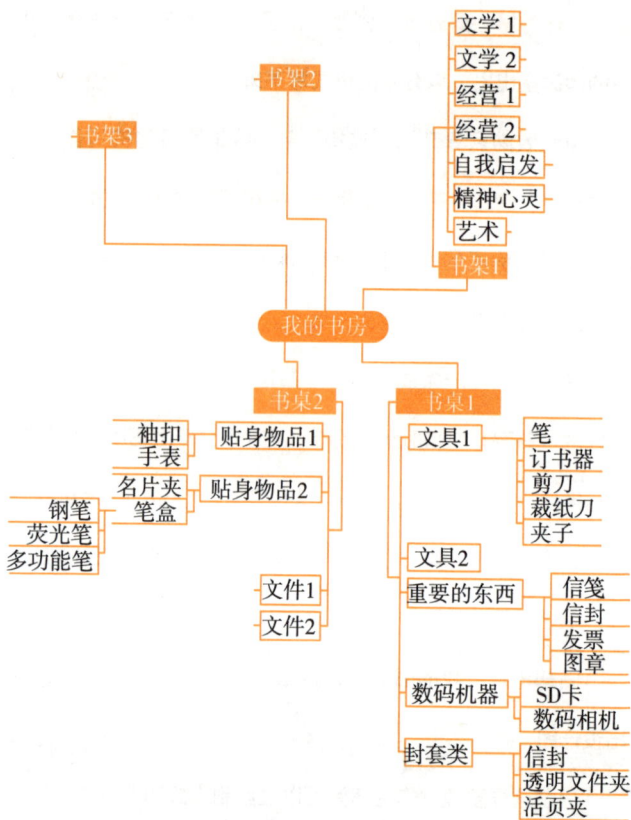

思维导图使整理更加顺利

+, "接待空间"

如果你运用"丢弃""去污""整理整顿"调整磁场，完成了"成功空间"的建立，接下来就把"天使空间"作为你的目标吧。

向这一空间的过渡，有很大的阻碍，有些人可能一生都不会明白其中的道理。

如果你能够将人生的船舵从自己的成功，大幅度地转向为他人谋幸福的话，你的人生会发生180度的变化，你将会得到感动和幸福。

为他人的幸福追求和成功着想的空间，叫作"接待空间"。

为了创造这样的空间，重新审视你过去的成功与人生吧。过去的人生和成功，不是仅凭你自己的力量，而是因为有许多人的支持才能够成就的，对此心怀感谢是非常重要的。

每一天，怀着感谢的心情，实施"丢弃"、"去污"和"整理整顿"。能如此幸运真幸福、太值得感谢了、托大家的福，这样的心情，一定会让你诚心希望回报别人。

● 抛开过去的成功，你将取得更大发展

从你认为"成功了"的那一瞬间起，你就开始停滞下来了。

而且，成功的人容易陷入的状况，就是抓住过去的成功不放。

你不仅要扔掉多余的物品，为了达到更高的空间级别，**还要把你已经取得的成功扔掉。**

抓住过去的成功不放手，不追求新的改变，只求保住自己已有的东西，一旦如此，你的房间就会发生变化。

房间是诚实的。注意观察就会发现房间里的东西变多了，精力集中变成了思想涣散，这会呈现在空间里，使空间级别下滑。让"成功空间"降至"安心空间"。

为了从"成功空间"进一步向前发展，你需要进行思想革新，从自己的成功上升到帮助他人成功。

拿我自己来讲，在我的书成为畅销书之后，我紧紧抓住写书的成功不放，希望"再写书，要更加畅销"。

为此我总是感到苦恼，感到自己越来越心神不宁、坐

立不安。工作也变得越来越痛苦。虽然搬进了高层的高级公寓，房间变得宽敞了，但是房间里的东西也在不断增多。完全降至"安心空间"。

这时我发现自己被成功所左右了。

于是，我暂且抛开了"写书"的事，也抛开了住在高级公寓的身份地位。

之后，我将目光转向为社会做贡献，决心把自己逐渐积累形成的能力奉献给更多的人。我把资金的投入也转向了为更多人做贡献的方向，进行了革新。

随之，中国发来了引进扫除力的邀请，扫除力也得以传播到韩国和中国台湾地区。

把思想意识从自身的成功转向他人的成功、他人的幸福，就能够取得进一步的发展。

现在，我正在以"天使空间"为目标，努力奋斗。

●运用7个要素打造盛情款待客人的房间

在创造出"接待空间"的基础上，当你激发出造福他人、奉献社会的精神，你会产生这样的理念："我要提供什么""我希望带来什么样的改变"。

这种理念展现在空间中，表现为以下7个要素。

使盛情款待呈现在空间中的7个要素

1. 光（照明）

2. 音

3. 色

4. 香

5. 装饰

6. 植物

7. 水

设定一个具体的主题的话，会更容易打造出这样的空间。

我家的主题是"像东京文华东方酒店那样，能够消除家人疲劳的疗养空间"。

为此，照明设备不使用刺激交感神经的荧光灯，而是安

装了白炽灯和小聚光灯。

在声音上，播放的是能使人心情舒缓的古典音乐或小河潺潺流水的声音。

熏香用的是草本植物。装饰品和色彩的统一，采用像东京文华东方酒店那样的深咖啡色搭配白色和橙色，营造出具有高级感的祥和的空间。

为了瞬间消除疲劳感，在玄关处摆上放入了几尾鳉鱼的鱼缸，还摆放了制造出东方式氛围的竹子等观叶植物。

这样，**接待的心情、服务的心情、盛情款待的心情，通过7个要素呈现在了空间里。**

当空间里呈现出这些的时候，就会逐步变成更高级别的"天使空间"。

而就企业而言，持有"因为有顾客，才有我们公司"的理念，希望为顾客提供更多更好的服务，为此应该营造一个怎样的空间呢？通过运用这7个要素，同样能够实现这一理念。

针对你的空间，通过实施扫除力，提升空间级别，创造光明的未来吧。

✦ 你的人生可以由你自己去改变

你的房间反映出什么样的未来呢？

是发展的未来？还是堕落的未来？

阅读到这里，我想你已经清楚了。

知晓了未来，只需去除负面的种子即可。通过实施扫除力，使房间变得整洁，是任何人都能做到的简单的事情。

我在这本书中最想告诉你的是，**"你的人生，就是你自己"**。

即，**你的人生，可以由你去改变。**

进一步说，你的人生，只有你才能够去改变。你的人生，不是别人的人生。

既不是父母的，也不是丈夫或者妻子的，也不是孩子的。

更不是占卜师的。

我曾经为一位结婚30多年的女士的家做过鉴定。

我察看房间各处的时候，那位女士跟在我身后，给我一一讲解每一处杂乱的房间。

"这里是因为我丈夫没有收拾……""这里是我丈夫管理的地方……""这里是我丈夫……"

所有的主语都是她的丈夫。

这些房间切实地反映出了这位女士的人生。

"这几十年里，你大概一直把自己人生的不顺利都归咎于你的丈夫。可是，你的人生是由你自己决定的。"

她瞪着眼睛，说不出话来。

自己的人生，依照自己的判断，走到了现在，却把责任推卸给他人，因此愈加看不清未来。这是对自己人生的否定。

否定不能产生出肯定。

因而也无法产生希望。它会使人失去创造的力量。

于是，人会变得没精打采或者充满破坏欲，这会表现为房间的污浊与杂乱。

从那天起，那位女士开始了扫除力的实践。开始依照自己的判断扔掉东西、去除污垢。

她开始过自己的人生。

于是，不可思议的事情发生了，她感受到自由的心情，她的丈夫接受了这样的她，夫妻间的感情比以前更加牢固了。

当认识到你的人生由你自己做主时，一切都会改变。

因为你明白了，人生可以变成你想要的任何样子。

不逃避到过去和未来，一个想要改变现在的你已经诞生了，因此你会"积极地行动，希望改变自己的未来"。

你的人生，可以用你自己的手，重新创造。

这是我想告诉你的。

✦ 扫除力维护世界和平

在本书第 5 章里我曾讲到，在连续出版了一系列的畅销书后，我抛开了写书这件事。健康状态不佳也是一个重要的原因。

我本来住在东京，但我告诉妻子，我想抛开一切，住到北海道去。妻子立刻接受了我这个突然的决定，我非常感谢她。

因为身体状况得到恢复，也重新蓄积了力量，从 2010 年起，我再次开展测评房间、鉴定未来的工作，并开设了培训班。于是，认识了一些志同道合的朋友。

此时，我已经认识到过去的我太过傲慢，过于想要独自完成一切事情。

于是，我决定结交与自己一样有心传授扫除力的朋友。

从 2011 年开始，正式建立讲师制度，今后将在全国范围内推广扫除力。

现在，扫除力的推广，已经不仅局限于日本。**很多国家的人给我发来关于扫除力实践的邮件。**

我在韩国也开设了培训班，引发了同样的现象。

2010 年，在中国也出版了 7 册新书。

去年，我在中国讲演的时候，曾有年轻的女士流着泪对我说："我原来有抑郁症，自从实践了扫除力，我找到了生活的意义。"

在知道扫除力以后，每一个人都会改变。作为经济大国和世界领袖，中国在与各国合作的过程中，能够看到今后的发展道路。因此我也在中国开展推广扫除力的活动。

2005 年，我在日本出版了我的处女作《实现梦想的扫除力》一书。我在书中最后一章写到的梦想至今没有改变。而且随着年龄的增长，这种想法愈加强烈。

我的梦想是，和全世界的人们一起擦亮地球。

并且，**创立"世界扫除力日"。**

全世界实施扫除力的人不断增多，将某一天定为"世界扫除力日"确有可能。

政治问题、种族问题，世界上可能存在各种各样的问题，但是，我们有幸居住在地球上，所以要对地球心怀感谢，并把地球打扫得干净整洁。这样，地球一定会更加光辉闪耀。

请想象一下。

　　各国首脑齐聚在一起，脱去外衣，卷起袖子，一起动手打扫卫生间。

　　"地球母亲，感谢您让我们居住在这里。"每位首脑都专心致志地打扫，汗珠晶莹，笑容绽放。

　　心灵当然会豁然相通。外交活动也因此顺利开展。

　　在结束的宴会上，首脑们还会商谈要怎样做才能使地球更加光芒闪耀。

　　可能我的梦想现在看来还是荒唐可笑的。可能在现实中也无法实现。

　　如果是这样的话，就来改变现实好了。那么，从哪里开始改变呢？

　　就从**我们的房间**开始。

　　今天也想从拧抹布开始，一步一步地向前迈进。

　　我相信，扫除力能够维护世界和平。

此次执笔本书，要感谢协助采访的各位扫除力讲师，感谢一如既往辅佐我执笔的妻子，还要感谢帮助我们在舒适的空间里照看孩子的征子女士。

还有，一直给予爸爸、妈妈鼓励的孩子们，海结、爱梨，谢谢你们。两岁的光城，爸爸为了工作要去事务所住的时侯，你都要送我到大门口，直到看不见了还在挥手呢。看到你的身影，我会更加努力。谢谢你，孩子！

还有，让我的扫除力系列的第一部作品面世的编辑金子尚美女士，能够再次与您一起工作，非常幸福。在此对您表示衷心的感谢。

舛田光洋

图书在版编目（CIP）数据

扫除力．看你的房间即可知道未来 /（日）舛田光洋著；莫锐晶译．— 北京：东方出版社，2021.12

ISBN 978-7-5207-2353-4

Ⅰ．①扫… Ⅱ．①舛…②莫… Ⅲ．①成功心理—通俗读物 Ⅳ．① B848.4–49

中国版本图书馆 CIP 数据核字（2021）第 170013 号

Heya wo Mireba Mirai ga Wakaru!

by Mitsuhiro Masuda

Copyright ©Mitsuhiro Masuda, 2011

Simplified Chinese translation copyright ©ORIENTAL PRESS 2021,

All rights reserved

Original Japanese language edition published by SUNMARK PUBLISHING, INC. 2011

Simplified Chinese translation rights arranged with SUNMARK PUBLISHING, INC.

through HANHE INTERNATIONAL(HK) CO.,LTD.

本书中文简体字版权由汉和国际（香港）有限公司代理

中文简体字版专有权属东方出版社

著作权合同登记号 图字：01–2012–2670 号

扫除力：看你的房间即可知道未来

〔SAOCHULI: KAN NI DE FANGJIAN JIKE ZHIDAO WEILAI〕

作　　者：〔日〕舛田光洋
责任编辑：贺　方　王　萌
责任审校：曾庆全
出　　版：东方出版社
发　　行：人民东方出版传媒有限公司
地　　址：北京市东城区朝阳门内大街 166 号
邮　　编：100010
印　　刷：北京文昌阁彩色印刷有限责任公司
版　　次：2021 年 12 月第 1 版
印　　次：2024 年 3 月第 3 次印刷
开　　本：880 毫米 ×1230 毫米　1/32
印　　张：6.25
字　　数：90 千字
书　　号：ISBN 978-7-5207-2353-4
定　　价：38.00 元
发行电话：（010）85924663　85924644　85924641

版权所有，违者必究

如有印装质量问题，我社负责调换，请拨打电话：（010）85924728